AF522732

Schafe

Ein Portrait
von
Eckhard Fuhr

NATURKUNDEN

NATURKUNDEN № 31
herausgegeben von Judith Schalansky
bei Matthes & Seitz Berlin

Inhalt

Portraits

Der einsame Baum

»Da drüben im Wald schläft der Wolf«, sagte der Schäfer, als wir mit seinem Pick-up über brandenburgische Sandwege schaukelten. Früh am Morgen hatte er mich angerufen. Die Herde musste umgetrieben werden. Er wollte mir zeigen, wie das funktioniert mit seinen Hütehunden und den neuen Herdenschutzhunden, die er sich angeschafft hatte, weil auch für ihn die sorglose wolffreie Zeit abgelaufen war. Wie Schäfer mit dem Rückkehrer Wolf zurechtkommen, das ist eine Frage, mit der ich mich schon lange beschäftige. Für mich als Journalist, der seit Jahrzehnten über Politik und Kultur in Deutschland berichtet, aber auch für mich als Jäger und lebenslanger Waldläufer ist die Rückkehr der Wölfe in die mitteleuropäische Kulturlandschaft ein Ereignis, dessen Tragweite sich durchaus mit der des Falls der Mauer messen kann. Für Jahre bildeten die Wölfe einen thematischen Schwerpunkt meiner Arbeit. Über sie kam ich an die Schäfer als Hauptbetroffene der wölfischen Reconquista – und über die Schäfer an die Schafe. Doch muss ich zugeben, dass ich in ihnen lange nur eine wollige Masse potenzieller Opfer sah. Erst nachdem ich von den Schäfern Häppchen für Häppchen ein wenig Schafswissen aufgeschnappt und viel Zeit bei Schafherden verbracht hatte, wurde mir langsam klar, welch faszinierende Geschichte in den Schafen steckt. Schäfer wissen das intuitiv. Sie arbeiten, ja sie ›atmen‹ mit den Schafen im Rhythmus der Jahreszeiten.

Sie sind direkt beteiligt an diesem elementaren Stoffwechsel der Weidewirtschaft, der heute noch Landschaften formt und kulturelle Muster erzeugt, von denen sich auch die Bewohner urbaner Metropolen in ihrer Naturwahrnehmung leiten lassen. Ökonomisch mag die Schafwirtschaft bei uns marginalisiert sein. Kulturell bleibt das Schaf eine Großmacht. Ironischerweise erinnern uns nun ausgerechnet die Wölfe daran, was wir an den Schafen haben. Das ging mir durch den Kopf, als ich mit dem Pick-up des Schäfers zur märkischen Schafweide fuhr. Dreihundert ›Muttern‹, wie man bei den Schafen die Mütter nennt, und ihre Lämmer warteten dort ungeduldig darauf, zu neuen Weidegründen geführt zu werden. Ich hörte in ihrem Meckern und Blöken die Aufforderung, sie endlich einmal angemessen zu würdigen und sie aus ihrer Opferrolle zu befreien. Dieser Aufforderung will ich nun nachkommen. Pick-up-Fahren ist schön, vor allem wenn es im Fahrzeug nach Schafbock und nassem Hund riecht. Dieses Aroma erzeugt bei mir Glücksgefühle. Doch nicht immer und überall ist ein Allradfahrzeug nötig, um sich den Schafen zu nähern. Zunächst können wir auch auf Gummistiefel verzichten.

Meine Reise zu den Schafen beginnt in der Alten Nationalgalerie auf der Berliner Museumsinsel bei Caspar David Friedrich. Der Erzromantiker ist nicht gerade als Tiermaler bekannt. Eine Eule, ein Schwarm Krähen, zwei Schwäne – schillernde Vögel allesamt – haben es auf Nebenwerken zu einer gewissen Motivprominenz gebracht. Bei den aus Landschaft, Licht, Architektur und menschlichen Figuren komponierten Hauptwerken sucht man das Animalische vergebens. Weder Hund noch

Katze, Pferd oder Ochse gewährt der Maler Zutritt zu seinen Gedankenbildern. Nur einmal macht er eine Ausnahme. Dieses Gemälde trägt den Titel *Der einsame Baum*. Auch als »Dorflandschaft bei Morgenbeleuchtung« und »Harzlandschaft« ist es bekannt. Friedrich schuf es 1822 zusammen mit seinem Gegenstück *Mondaufgang am Meer*. In der Nationalgalerie hängen die Geschwisterbilder, wie es sich gehört, nebeneinander. Auftraggeber für beide war der Kaufmann Joachim Wilhelm Wagener, dessen Nachkommen seine gesamte Sammlung dem preußischen König vermachten. Diese Stiftung kann man als Grundstein der Nationalgalerie betrachten. Mit ihr kam auch eine Herde Schafe in den preußischen Kulturbesitz.

Sie springen nicht sofort ins Auge, wenn man vor dem »einsamen Baum« steht. Es sind auch nicht besonders viele. Ich komme beim Zählen auf 24. Es können aber auch eins, zwei mehr oder weniger sein. In der Nähe des Schäfers, der auf seinen Hirtenstab gestützt am mächtigen Stamm des Baumes lehnt, stehen sie eng beieinander und verdecken sich gegenseitig. Zum Hintergrund hin zieht sich die Herde in der weiten Aue auseinander. Bei den Details seiner Bildkompositionen ist Friedrich überaus realistisch.

Wer dieses Gemälde interpretiert, kommt naturgemäß an dem titelgebenden Baum nicht vorbei, einer alten, schwer ramponierten Eiche, die in ihrem langen Leben wahrscheinlich mehrmals vom Blitz getroffen wurde. Ihre kahle gebrochene Spitze reckt sich gen Himmel. Aber noch ist der Baum nicht tot. Frisch begrünte Äste zeigen, dass noch Leben in ihm ist. Man kann ein Kreuz in diesem Geäst erkennen. Die Eiche, der Lebensbaum der Germanen, wird zum christlichen Symbol

Ohne die Schafe stünde der Maler im Wald: Caspar David Friedrich, Der einsame Baum, *1822.*

der Auferstehung. Trutzig verbindet dieses Hoffnungszeichen Himmel und Erde. Blaue Berge, an deren Fuß sich ein Dorf mit Kirchturm schmiegt, schließen im Hintergrund den Bildraum. Bald wird über ihnen die Sonne aufgehen. Dann werden auch die Schafe nicht mehr im Schatten weiden, womit es Zeit wäre für den Dankgesang des 23. Psalms: Der Herr ist mein Hirte, mir wird nichts mangeln.

Friedrich hat nicht irgendeine Fantasielandschaft gemalt. Er griff zurück auf Skizzen, die er viele Jahre zuvor im Riesengebirge und im Mecklenburgischen angefertigt hatte. Er hat also sowohl die Berge wie auch die Auenlandschaft wirklich gesehen und intuitiv begriffen, dass Schafe da hineingehören. Ohne die Schafe gäbe es diese Aue nicht. Ohne sie wäre der Baum auch nicht einsam, wirft er doch Jahr für Jahr seine Samenfracht ab. Dass er nicht längst von kräftigem Jungwuchs umgeben ist, in dem der Maler vor lauter Bäumen keine Landschaft mehr hätte sehen können, hängt damit zusammen, dass ein Kollege des Schäfers, der Schweinehirt des Dorfes, die Umgebung der Eiche als Futterplatz beansprucht. Und was nach dem Schweinefraß dann doch noch keimt, das knabbern die Schäfchen ab. Sie halten die Landschaft offen, auch für das Auge des Malers, der sie mit Sinn füllt. So gesehen sind Schafe rechte Sinnstifter. Sie erweisen ihre Nützlichkeit nicht nur in dem Fleisch und in der Wolle, die sie dem Menschen liefern, ohne selbst große Ansprüche zu stellen, sondern auch in einem metaphysischen Mehrwert, den sie durch ihren Stoffwechsel, durch ihr pures Dasein hervorbringen. Weidende Schafe schaffen die Voraussetzung für eine Ästhetisierung oder Vergeistigung von Landschaft.

Das Bild *Der einsame Baum* vermittelt eine Stimmung tiefsten Friedens. Der winzige Hirte als einziger Mensch in der weiten Aue ist eingebettet in die Landschaft und geborgen in ihr. Mit seinen Schafen ist er Teil der Natur. Alles und jeder findet selbstverständlich seinen Platz in dieser erhaben ruhenden Schöpfungsordnung. Der Kontrast zu dem Gemälde *Mondaufgang am Meer* könnte nicht größer sein. Diese Bildkomposition vibriert vor nervöser Spannung. Zwei Frauen und ein Mann, alle drei unverkennbar städtisch gekleidet, sitzen auf einem Felsen und schauen aufs Wasser, auf dem sich zwei Segelschiffe der Küste nähern. Die beiden Frauen befinden sich eng beieinander, der Mann ist von ihnen getrennt. In welcher Beziehung die drei Figuren zueinander stehen, bleibt offen. Obwohl sie zur Gruppe arrangiert sind, wirken sie vereinzelt und voneinander isoliert. Die beiden Schiffe lassen sich unschwer als Symbole der Lebensreise entschlüsseln, einer Reise, die sich am Abend ihrem Ende nähert. Ihren demütigen Frieden scheinen die beiden Frauen und der Mann damit noch nicht gemacht zu haben. Sie tun so, als betrachteten sie von außen ein Schauspiel. Mit steifem Kreuz behaupten sie ihre Zuschauerrolle. Sie erwarten etwas. Und es scheint ihnen etwas Entscheidendes zu fehlen. Vielleicht ist es das, was der Schäfer auf dem Nachbarbild ganz offensichtlich sein Eigen nennen kann, nämlich Schafe und Seelenfrieden.

Der Zusammenhang zwischen Schafen und Seelenfrieden kommt uns Heutigen wahrscheinlich leichter in den Sinn als den Zeitgenossen Friedrichs vor zweihundert Jahren, die ja auch als Städter mit Schafen noch die Erfahrung und Anschauung von ländlicher Armut und Schmutz verbinden mussten. In den Städten war die Haltung von Nutztieren wie Schafen, Ziegen oder Schweinen unter nicht sehr malerischen Bedingungen selbstverständlich. Aber schon in dieser Epoche der anbrechenden Moderne, in dieser hoch nervösen Zeit politischer und ökonomischer Umwälzungen, in der der Wolllieferant Schaf mit der expandierenden Textilindustrie eine enorme ökonomische Bedeutung erlangte und so in den an züchterischer Optimierung interessierten Blick nüchterner Agrarreformer geriet, musste dieses Tier neben allem, was es dem Menschen an Nützlichem beschert, auch noch Trost spenden. Wo der Hirte seine

Abel, der Hirte, wurde von seinem Bruder Kain, dem Ackerbauern, erschlagen, weil Gott Abels Opfer mehr schätzte als seines. Tobias J. Sadeler I nach Crispin van den Broeck, 1577.

blökende Herde weiden lässt, ist die Welt in Ordnung und nicht etwa in Aufbruch, Auflösung oder Aufruhr begriffen, auch wenn der nüchterne Beobachter sich eingestehen muss, dass diese bukolische Szene etwas mit dem Aufstieg ebenjener Textilindustrie zu tun haben könnte. Trotzdem erkennt bis heute jeder darin eine aus den Tiefen der Zeit kommende Urszene. Zwar erschlug schon Kain, der Ackerbauer, seinen Bruder Abel, den Hirten. Doch Abel ist nicht wirklich tot. Er zieht mit seinen Schafen weiter umher, tatsächlich und in der Imagination, gerade auch in industriell hoch entwickelten Regionen.

In Mitteleuropa hat zwar die Schäferei keine besonders große ökonomische Bedeutung. In der Agrarökonomie rangiert Schafwirtschaft am unteren Rand der Rentabilitätsskala. Die Zahl der Schafe hat in den vergangenen zwei Jahrzehnten drastisch abgenommen. Und viele Schäfereibetriebe verlieren den Kampf um ihre Existenz. Doch niemand will den Abgesang auf Schafe und Schäfer anstimmen. Im Gegenteil: Politik, Verbände und Medien erneuern immer wieder ihr Bekenntnis zur extensiven Weidewirtschaft, zur Landschaftspflege durch Schafbeweidung, zur umweltschonenden Erzeugung von Fleisch, Milch, Käse und zu dem Rohstoff Wolle, dessen Marktpreis heute allerdings leider nicht mehr die Produktionskosten deckt. Wer einmal für das Thema »Schafe« entflammt ist, wird fast täglich im Fernsehen, in Zeitungen und Zeitschriften und im Internet einschlägige Beiträge finden. Junge Frauen entdecken den Schäferberuf für sich. Ältere Männer fangen immer öfter etwas mit Schafen an. Die Vereinigung Deutscher Landesschafzuchtverbände, der Dachverband der Schäfer und Schafzüchter, ist unter der Internetadresse *www.schafe-sind-toll.com* zu

Wollige Daseinsstütze: Gleichmütig erträgt das Schaf, was der Mensch ihm zumutet.

erreichen. Wer weiß, vielleicht steht dem Schaf in postindustriellen Zeiten eine grandiose Zukunft bevor als Daseinsstütze für die entwurzelten Bewohner urbaner Zonen.

Mit bewundernswertem Gleichmut jedenfalls erträgt das Schaf seine materielle, ideelle und emotionale Ausbeutung. Allerdings blieben ihm, in Europa jedenfalls, extreme Kränkungen und extremer Missbrauch erspart. Es musste weder einen quasi schlagartigen Bedeutungsverlust verkraften wie das von der Motorisierung entwertete Pferd zu Beginn des 20. Jahrhunderts, noch wurde es derart zum bloßen Produktionsapparat erniedrigt wie die moderne Milchkuh oder das Zuchtschwein. Deswegen dürfen wir am Lammbraten nicht nur das wunderbare Aroma lieben, sondern mit ihm auch das Gefühl verbinden, dass seine Erzeugung aller Wahrscheinlichkeit nach ›natürlicher‹ und ›artgerechter‹ war als die des Schweineschnitzels. Lammfleisch kann man auch in den Kernsiedlungsgebieten der ökologisch korrekten urbanen Mittelschicht noch auftischen, wo in größter Ferne zu Ackerbau und Viehzucht die ethischen Ansprüche an dieselben besonders entschieden artikuliert werden.

Auf der nie abschließbaren Suche nach dem guten und richtigen Leben begegnet man irgendwann dem Schaf, es sei denn, man blendet dabei solche Bedeutungshorizonte wie ›Ökologie‹ oder ›Nachhaltigkeit‹ von vornherein aus und gewährt auch einem christlich-religiösen Weltverständnis keinerlei Raum. Folgen wir also den Spuren eines Tieres, das uns seit den frühesten Zeiten unserer Zivilisation Körper und Seele wärmt. Das Doppelgesicht des Schafes begegnet dem Schafreisenden immer wieder. Das Schaf verkörpert archaische Hirtenkultur und pastorale Idylle, während es gleichzeitig zum Wegbereiter der industriellen Moderne wird. Als geduldiges Opfertier liegt das Lamm auf der Schlachtbank. Doch am jüngsten Tag triumphiert es über die Mächte der Finsternis. Was da so friedlich in der Aue grast, ist für manche Überraschung gut.

Die wilde Verwandtschaft

1-, 2- oder 5-Euro-Cent-Münzen aus Zypern sind im europäischen Kleingeldkreislauf nicht gerade häufig. Die Chance, im Wechselgeld beim Bäcker eine zu finden, ist also ziemlich gering. Widerfährt einem Schafsfreund dieses seltene Glück, sollte er das Geldstück bei sich behalten. Zypern hat darauf nämlich dem Mufflon, dem Stammvater unseres Hausschafs, ein Denkmal gesetzt. Zwei mächtige gehörnte Köpfe zieren die Münzen. Wenn man bedenkt, was die europäische Zivilisation, und nicht nur sie, dem Schaf verdankt, kann man diesen flüchtigen Verweis auf die menschheitsgeschichtliche Großtat der Wildschafdomestikation, dieses kaum hörbare Klimpern im gemeinsamen europäischen Hartgeld kaum als angemessen empfinden. Doch immerhin: Die kleine Inselrepublik im östlichen Mittelmeer hat begriffen, dass uns die Verbindung zum Schaf lieb und teuer sein sollte.

Bevor man sich der Frage widmet, wie und warum Mensch und Schaf zusammenkamen, muss man einen Blick auf die wilde Schafsverwandtschaft werfen, wobei kaum zu vermeiden ist, dass eine gewisse Verwirrung entsteht. Eine Verwirrung, die allerdings auch die Fachwelt teilt. Einig sind sich die Zoologen, dass die Schafe, also die Angehörigen der Gattung *Ovis,* von allen Hornträgern die weiteste Verbreitung haben. Von Sardinien und Korsika über Vorder- und Zentralasien bis ins westliche Nordamerika und Mexiko reicht ihr Siedlungsgebiet. Sie steigen im Hochgebirge bis in die 6000-Meter-Region, bevorzugen überhaupt gebirgigen Lebensraum, kommen aber auch in Wüstengegenden vor. Ihre Anpassungsfähigkeit und Genügsamkeit ist enorm und für den Nutzen, den der Mensch aus ihnen zieht, entscheidend.

Auf die Frage aber, in wie viele Arten man die wilden Schafe einteilen kann und wie die sich voneinander abgrenzen lassen, erhält man so viele Antworten, wie es in diesem Fachgebiet Autoren gibt.

Man kann es sich leicht machen und die Schafe als eine einzige Art betrachten, die in der Wildform, in viel größerer Zahl aber in domestizierter Form vorkommt. Für diese simple Antwort spricht, dass alle heute vorkommenden Schafe, so unterschiedlich sie sein mögen, sich miteinander paaren und fruchtbare Nachkommen hervorbringen können. Das ist durch Zuchtexperimente erwiesen. Schafe von der zahmen Heidschnucke bis zum wilden Dickhornschaf der Rocky Mountains bilden also zumindest theoretisch eine Fortpflanzungsgemeinschaft und erfüllen damit ein zentrales Kriterium der Definition einer Spezies.

So gesehen wäre also die Aussage, das Hausschaf stamme vom Wildschaf ab, ebenso simpel wie richtig. Und man wäre aus allem raus. Trotzdem muss man differenzieren. Sowohl die Genetik als auch die Geschichte und Geografie der Neolithischen Revolution, also der Entstehung von Ackerbau und Viehzucht, zeigen, dass nicht alle Formen des Wildschafes als Stammart des Hausschafes infrage kommen, sondern nur jene, die wir als Mufflon bezeichnen. Sie kam und kommt in Resten im Gebiet des Fruchtbaren Halbmondes vor, das sich von der

Den nordamerikanischen Westen bis hinunter nach Mexiko bewohnt das Dickhornschaf.

östlichen Mittelmeerküste über Südanatolien, Syrien und den Irak bis nach Persien erstreckt. Für Eurasien war dieses Gebiet vor 10 000 Jahren der Hotspot der Neolithischen Revolution und damit auch der Domestikation wildlebender Tiere und Pflanzen. Die Chromosomensätze von Mufflon und Hausschaf entsprechen einander. Bei anderen Wildschafformen ist das nicht der Fall. Neben Geografie und Historie spricht also auch die Genetik für die Abstammung des Hausschafs vom Mufflon.

Beim Blick auf die vielgestaltige wilde Verwandtschaft des Hausschafs darf man sich nicht von taxonomischen Feinheiten verwirren lasen. Auf dem Gebiet der Taxonomie, also bei der

Abgrenzung von Arten und Unterarten des Schafes, hat es unter den Zoologen, die sich überhaupt noch mit diesem Traditionshandwerk ihres Faches befassen, gerade in jüngster Zeit ein wildes Hin und Her gegeben. Das Handbuch *Mammal Species oft the World* von Don E. Wilson und DeeAnn M. Reeder aus dem Jahr 2005 kommt auf fünf Arten, ein anderes von 2011, *Ungulate Taxonomy* von Colin Groves und Peter Grubb, zum Teil von denselben Autoren verfasst, beschreibt 20 Arten. Unterarten werden zu Arten hochgestuft und umgekehrt. Man hält sich besser in groben Zügen an die Geografie. Neben dem Mufflon ergeben sich nach ihrer Verbreitung fünf weitere deutlich voneinander abgrenzbare Wildschafarten.

Der östliche Nachbar des Mufflons ist der Urial, auch Steppenschaf, Arkal oder Kreishornschaf genannt. Er lebt im westlichen Zentralasien von Ostanatolien über Turkestan, den nördlichen Iran und Afghanistan bis Westtibet. Er ist etwas größer als der Mufflon. Als prägnantes Merkmal trägt er eine üppige Hals- und Brustmähne. Mit seinem Bestand, den man auf etwa 40 000 Exemplare schätzt, gilt er als gefährdet.

Die Hochgebirge Zentralasiens sind das Reich des Argali, des Riesenwildschafs. Im Vergleich zu ihm, dessen männliche Exemplare die Größe eines Kleinpferdes erreichen können, erscheinen alle anderen Schafe als Zwerge. Ein kleines Schaf wie zum Beispiel eine Skudde kann ohne Weiteres unter einem Argali hindurchspazieren. Die spiralförmig gedrehten Hörner der Widder erreichen eine Länge von mehr als eineinhalb Metern. Beim Argali wird eine besonders große Zahl von Unterarten unterschieden. Das hat weniger taxonomische als jagdtouristische Gründe – je mehr Unterarten, desto mehr Rekordmöglichkeiten. Für Trophäenjäger ist der Argali so etwas wie der Rolls Royce unter den Schafen. Findet Trophäenjagd unter kontrollierten Bedingungen statt, kann sie für den Bestand einer Wildart sehr nützlich sein. Aber nicht überall, wo Argalis vorkommen, gibt es ein funktionierendes Jagdsystem mit verbindlichen Quoten, deren Einhaltung auch noch überwacht wird. Überjagung und Wilderei setzen den Beständen zu. In Gebieten, in denen auch Hausschafe weiden, werden Seuchen zur Gefahr für die Wildschafpopulation. Der Gesamtbestand der Riesenwildschafe dürfte sich auf etwa 80 000 belaufen.

Im Nordosten Sibiriens lebt das Schneeschaf. Es bildet den Übergang zu den amerikanischen Wildschafen auf der anderen Seite der Beringstraße. Allerdings ist es nicht weiß, wie der Name vermuten lässt, sondern graubraun. Im Winter hellt sich die Färbung etwas auf.

Blütenweiß dagegen präsentiert sich das Dall-Schaf, das amerikanische Schneeschaf. Es bevölkert sehr zahlreich die Gebirge Alaskas und des kanadischen Nordwestens. Wer die Gelegenheit hat, auf dem Alaska-Highway durch den Kluane Nationalpark im kanadischen Yukon-Territorium zu fahren, sollte auf jeden Fall am Fuß des Sheep Mountain Station machen. Mit einem guten Fernglas lassen sich hier vom Ufer des Kluane Lake Dall-Schafe auf den steilen Matten des Berges beobachten. Im Süden ihres Verbreitungsgebietes findet man eine schiefergrau gefärbte Unterart, das Stone-Schaf.

Den übrigen nordamerikanischen Westen bis hinunter nach Mexiko besiedelt, oder besser: besiedelte das Dickhornschaf. Im 19. Jahrhundert schrumpfte im Zuge der Eroberung des amerikanischen Westens durch weiße Siedler die Population

Die Hochgebirge Zentralasiens sind das Reich des Argali, des Riesen unter den Wildschafen.

von mehreren Millionen auf nur noch 60 000 Tiere. Übermäßige Jagd und die Interessen der Schafzüchter waren für diese Beinaheausrottung verantwortlich. Zugenommen haben die Bestände seither nicht wesentlich, aber sie gelten als stabil. Dickhorn- und Dall-Schaf waren nie dem Versuch einer Domes-

Der Urial, auch Kreishornschaf genannt, kommt von Ostanatolien bis Westtibet vor.

tikation ausgesetzt. Argali und Urial könnten am Beginn der Domestikationsgeschichte eine Rolle gespielt haben. Ihre Spur verliert sich jedoch. Als erfolgreiche Nutztiere erwiesen sich für den jungsteinzeitlichen Menschen jene Schafe, die auf den Mufflon-Typus zurückgehen. Mufflons bilden die westlichste

Wildschafart. Sie sind als beliebtes Gatterwild den meisten aus Wildgehegen oder zoologischen Gärten bekannt. Es gibt aber auch die Chance, sie in Mitteleuropa in freier Wildbahn zu beobachten, seit sie an verschiedenen Stellen im frühen 20. Jahrhundert als ›Bereicherung der Wildbahn‹ ausgewildert wurden.

Als Heimat und letzte Rückzugsgebiete dieser Tiere werden immer wieder die Mittelmeerinseln Sardinien und Korsika genannt. Die Frage ist nur, wie sie auf die Inseln kamen, die in der Zeit, in der es Schafe auf der Erde gibt, nie mit dem eurasischen Festland verbunden waren. Es muss sie also jemand dorthin gebracht haben, womit der Mensch schon von Beginn an seine Finger mit im Spiel gehabt hätte. Mit anderen Worten: Der Zweifel, ob es sich bei ›unseren‹ Mufflons um ein wirkliches Wildtier handelt und ob wir in ihnen tatsächlich die Stammform unserer Hausschafe sehen können, steht im Raum. Die einen betrachten den ›Europäischen Mufflon‹ als eine Wildschafart, die anderen sprechen von frühen Formen der Domestikation. Diese Tiere könnten bald wieder verwildert sein. Nach diesem Verständnis ist der Status der europäischen Mufflon-Population am ehesten mit dem der Dingos, der australischen Wildhunde zu vergleichen, die von frühgeschichtlichen Seefahrern als Haushunde auf den Kontinent gebracht wurden.

Der Streit hat an Brisanz gewonnen, seitdem der Wolf wieder in der mitteleuropäischen Wildbahn mitmischt. Wo er auftaucht, sind die Tage des Mufflons gezählt. Es fragt sich nun, ob man dieses Wild aus Gründen des Artenschutzes retten, oder ob man es der Natur überlassen soll, die die Verhältnisse, die vom Menschen geschaffen wurden, bereinigt. Ganz so klar ist diese Alternative in der Artenschutzpraxis allerdings nicht, wie der folgende kleine Exkurs in die niedersächsische Waldlandschaft der Göhrde zeigt.

Man kann es den Wölfen nicht vorwerfen, dass sie sich an Mufflons halten, wenn diese Wildschafe in ihren Streifgebieten vorkommen. Mufflons haben aus Sicht des Wolfes die richtige Größe. Auch alleine kann er ein Mufflon fast ohne eigenes Risiko überwältigen. Bei Hirschen oder Wildschweinen ist das anders. Rehe sind zwar auch so klein, dass ein Wolf mit ihnen leichtes Spiel hat, aber er muss erst einmal an das Bambi herankommen, was bei diesen wachsamen und wendigen Tieren gar nicht so einfach ist. Und der Ertrag seiner Mühen ist doch eher bescheiden.

Mufflons bringen mehr Biomasse als ein Reh. Und sie sind leichter zu jagen. Sie wirken kopflos, wenn der Wolf sich nähert. Sie flüchten ein kurzes Stück, bleiben dann stehen und rudeln sich zusammen, danach rennen sie wieder. Sie wissen nicht, wo sie hin sollen, jedenfalls im mitteleuropäischen Flachland nicht. Wie alle Wildschafe bewohnen sie eigentlich schroffe Gebirge. Nähert sich der Fressfeind, suchen sie ihr Heil in steilen Felshängen, wohin er ihnen nicht folgen kann. Felshänge sind in der norddeutschen Tiefebene aber rar gesät. Auch in den Mittelgebirgen sind sie selten. Mag sein, dass sich einmal ein Widder dem Wolf zum Kampf stellt. Entscheiden kann er ihn für sich aber ohnehin nicht. Deshalb bedeutet die Rückkehr der Wölfe in mitteleuropäische Lebensräume das Ende der Mufflons dort. In der Lausitz, wo die wölfische Wiederbesiedlung Deutschlands ihren Anfang nahm, war das ›Muffelwild‹, wie es die Jäger nennen, nach wenigen Jahren ausgerottet.

Der Beutegreifer, der nach 150 Jahren in seine angestammten Gebiete zurückkehrt, beendet das hundertjährige Gastspiel einer Art, die nur deshalb dort ausgewildert werden konnte, weil die Prädatoren Wolf und Luchs ausgerottet worden waren.

Die Muffelwildbestände Mitteleuropas wurden fast alle am Anfang des 20. Jahrhunderts begründet. Die Tiere stammten im günstigsten Fall aus Sardinien und Korsika, wo sich angeblich ›reine‹ Bestände des europäischen Wildschafes halten konnten, weil es dort weder Wolf noch Luchs oder Bär gibt. Manchmal aber wurden Hausschafe in die ›wilden‹ Herden eingekreuzt. Als Jagd- und Gatterwild wurden Nachkommen importierter Tiere in ganz Mitteleuropa gehandelt. Über dem genetischen Status des Europäischen Mufflons liegt ein dicker Schleier. Und nun also könnten die Wölfe dafür sorgen, dass dieser noch nicht einmal mehr gelüftet werden kann.

Man könnte dem also zusehen und der Natur ihren Lauf lassen, was gerade wolfaffine Naturschützer propagieren. Doch ganz so einfach ist es nicht. Nach der Einstufung der Weltnaturschutzunion IUCN gilt der aus Sardinien und Korsika stammende Europäische Mufflon als gefährdete Wildtierart. Einerseits wird er in erheblichem Ausmaß gewildert, andererseits vermischen sich die Bestände mit extensiv gehaltenen Hausschafen. Die ›reinrassigsten‹ Mufflons gibt es nicht mehr auf ihren Herkunftsinseln, sondern ausgerechnet in Deutschland, in der Göhrde, jenem gar nicht nach Wildschafhabitat aussehenden Waldgebiet an der Elbe im Kreis Lüchow-Dannenberg. Der Wald war kaiserliches Jagdrevier. Um Wilhelm II. eine Freude zu machen, setzte der Hamburger Kaufmann Oscar L. Tesdorpf dort im Jahre 1903 echte sardische und korsische

Mufflons sind die wilde Stammform unserer Hausschafe. Sie wurden vielerorts in Europa ausgewildert.

Mufflons aus. Von diesem Zeitpunkt an ist die Entwicklung des Bestandes lückenlos dokumentiert. Es gab keine Einkreuzungen von Heidschnucken oder anderen Schafrassen mit imposanten Hörnern. Das sardische und korsische Blut, es wurde an der Elbe rein gehalten. Und nun laben sich die nach Niedersachsen zurückgekehrten Wölfe daran. In einer Denkschrift des Instituts für Wildbiologie Göttingen und Dresden heißt es, diese Entwicklung werfe die »Frage nach einem möglichen unwiederbringlichen Verlust genetischer Diversität beim Mufflon als einzigem europäischem Wildschaf« auf. Die Wissenschaftler schlagen vor, einen möglichst großen Teil des Muffelwild-

Bestandes in der Göhrde einzufangen und in einem Wildgatter zu halten, um den kostbaren Genpool vor den Wölfen zu schützen. Es geht ihnen ausdrücklich nicht darum, die in Europa im vergangenen Jahrhundert künstlich begründeten Muffelwildbestände allesamt zu erhalten. Über die entscheidet der Wolf. Die Rettung der Art an sich aber sollen niedersächsische Förster in die Hand nehmen. Sie leisten gewissermaßen Amtshilfe beim globalen Artenschutz. Die Fangaktion erwies sich allerdings als schwierig und brachte zunächst nicht den erwarteten Erfolg.

Was hätte man erreicht, wenn es gelänge, einen Großteil der etwa zweihundert Göhrde-Mufflons zu fangen? Man hätte vorerst den Bestand einer Schafspopulation gesichert, die vielleicht noch manche Aufschlüsse geben kann über das Frühstadium der Domestikation und die lange Zeit, in der Menschen Schafe zwar schon bei sich hielten, sie aber durch züchterische Selektion fast noch nicht verändert hatten.

Wie Mensch und Schaf zueinanderkamen

Der St.-Kilda-Archipel liegt etwa 100 Kilometer westlich der äußeren schottischen Hebriden im Nordatlantik. Einen weiter abgelegenen und windigeren Ort findet man kaum im Vereinigten Königreich. Die vier Inseln Hirta, Soay, Boreray und Dun sind vulkanischen Ursprungs. Zum Archipel gehören außerdem einige hoch aufragende Felsen, die ›*stacs*‹. Hirta, die größte Insel, hat eine Ausdehnung von knapp sieben Quadratkilometern. Soay, die zweitgrößte, ist kaum einen Quadratkilometer groß.

Es brüten Seevögel auf diesen Eilanden – Eissturmvögel, Tölpel, Krähenscharben, zahlreiche Möwenarten, Alken, Tordalken und natürlich unzählige Papageientaucher, die aussehen, als hätten sie einen Schnurrbart, wenn sie für die Aufzucht ihres Nachwuchses in ihren roten Schnäbeln ihre Fischbeute zum Nest tragen. Man schließe die Augen und stelle sich das vielstimmige Geschrei dieses Vogelgewimmels vor, dazu die heulenden Böen nordatlantischer Stürme und das Tosen der Gischt an den felsigen Steilküsten. Doch manchmal legt sich das Toben der Elemente, und wenn es stiller wird, hört man, dass es in diesem maritimen Reich des Wassers und der Lüfte auch erdgebundenes Leben gibt.

Schafe blöken. Gäbe es auf diesen Inseln Füchse, würden diese auch das Pfeifen von Mäusen hören, von besonders großen Mäusen, denn die nur auf St. Kilda heimische Unterart der

Waldmaus (*Apodemus sylvaticus hirtensis*) ist von bedeutend kräftigerer Statur als ihre festländischen Brüder und Schwestern. 1930 verließen die letzten knapp zweihundert menschlichen Bewohner des Archipels die Insel Hirta nach einer Pockenepidemie. Damit endete eine Siedlungsgeschichte, die fünftausend Jahre vorher begonnen hatte. Schafe und Mäuse, die ohne den Menschen den Sprung auf diese entfernten Felseninseln im Atlantik nie geschafft hätten, aber blieben.

Jungsteinzeitliche Seefahrer müssen diese Säugetiere dorthin gebracht haben. Es lassen sich archäologische Hinweise auf eine solche frühe Seefahrt mit hochseetüchtigen Einbäumen finden. In England wurde ein fünftausend Jahre alter Mühlstein gefunden, der nachweislich aus der Normandie stammte. Und am Grund der Ostsee fand man große Boote, die etwa siebentausend Jahre alt sind. Es bleibt immer noch rätselhaft, warum sich jungsteinzeitliche Fischer und Bauern mit Sack und Pack und Vieh auf Einbäumen wohl von Schottland aus in die grenzenlose atlantische Wasserwüste aufmachten und sich auf Felseninseln festkrallten, die überhaupt nur an wenigen Stellen einen Zugang vom Meer her erlauben. Ihre Geschichte an diesem Ort liegt im Nebel. Aber die Schafe, die sie mitbrachten, waren ›immer schon da‹ als St. Kilda im Mittelalter in der historischen Überlieferung auftauchte. Sie wurden als Zeugen einer vorgeschichtlichen Frühzeit wahrgenommen.

Tatsächlich handelt es sich bei diesen Schafen, die in geschichtlicher Zeit nur auf der Insel Soay lebten, und zwar völlig wild und ohne menschliche Fürsorge, um Hausschafe in einem sehr frühen Stadium der Domestikation. Das Soay-Schaf ist deshalb nicht nur das umhegte Objekt einer Gemeinde von

Auch Hausschafe führen oft ein freies Leben. Thomas Sidney Cooper stellte seine Mountain Sheep *1845 in eine malerische Naturkulisse.*

Liebhaberzüchtern geworden, sondern auch ein Forschungsgegenstand für Prähistoriker und Biologen.

Die Insel Hirta bietet eine windgeschützte Bucht mit sanft ansteigenden Berghängen, auf denen eine kümmerliche Landwirtschaft möglich war. Die Inselbewohner betrieben auch Schafzucht, nicht jedoch mit Soay-Schafen, sondern mit den üblichen in Schottland verbreiteten Rassen wie *Scottish Dunface* und *Scottish Blackface*. Hauptsächlich lebten sie aber vom Seevogelfang. Sie trockneten die Vögel und bewahrten das so konservierte Fleisch in steinernen Hütten auf, den ›*cleits*‹. Die

Federn verkauften sie an Händler. Manchmal setzten sie zur Nachbarinsel Soay über, um Vögel zu jagen, aber auch um die Wolle einzusammeln, welche die Schafe dort beim Haarwechsel von alleine verloren hatten. Das eine oder andere Soay-Schaf wurde sicherlich auch erlegt, allerdings wurde dafür eine Abgabe an den Eigentümer der Inseln fällig, den Clan der MacLeods of Harris und zuletzt den Marquess of Bute. Letzterer veranlasste dann auch nach der endgültigen Evakuierung Hiltas 1930, dass die dort vorhandenen Schafe der Bauern alle getötet und Soay-Schafe von der Nachbarinsel auf Hilta ausgesetzt wurden. Deshalb lebt heute auf den beiden Inseln die einzige Population dieses ›Urschafs‹, auf die nicht durch Einkreuzung anderer Rassen oder Selektion züchterisch eingewirkt wurde und wird. Wenn man so will, ist das Soay-Schaf ein lebendes Fossil der Domestikationsgeschichte.

Eine seiner Eigenschaften haben wir schon erwähnt: Es bildet zwar ein – ziemlich kurzes – Wollvlies aus, wirft dieses Winterhaar jedoch von alleine ab. Es muss nicht geschoren werden. In der Färbung und Zeichnung des Fells ähnelt es der Wildform des Mufflons. Neben dem wildfarbenen, rot- bis dunkelbraunen Schlag existiert auch ein hellerer, cremefarbener. Die meisten Schafe tragen kurze Hörner, manche sind hornlos. Die Hörner der Böcke drehen sich kreisförmig nach außen und werden etwa 50 Zentimeter lang. Im Verhalten unterscheiden sich Soay-Schafe deutlich von moderneren Hausschafen. Sie lassen sich nicht hüten, also in einer Herde zusammenhalten und führen. Deshalb können sie nur in einer Koppel gehalten werden. Das Soay-Schaf zeigt anschaulich, wie man sich die allerersten ›Hausschafe‹ vorstellen muss: als eingegattertes

Jagdwild nämlich, das auf Vorrat gehalten wurde, möglicherweise weniger zur Ernährung als für kultische Zwecke. Die ›Sekundärnutzungen‹ des Schafs, also die Milch- und Wollgewinnung, lag zu den Anfängen der Domestikation noch Jahrtausende in der Zukunft.

Der Hund als frühestes Haustier begleitete den Menschen möglicherweise schon seit 30 000 Jahren oder länger, als im Gebiet des Fruchtbaren Halbmondes jungsteinzeitliche Jäger eine neue Lebensweise entwickelten, die man später einmal ›Landwirtschaft‹ nennen wird. Neben dem planmäßigen Anbau ehemals wilder Pflanzen gehörte dazu wesentlich auch die Vorratshaltung von Jagdbeute. Aus Wild wurde Nutzvieh. Und die ersten beiden Arten, die diese Metamorphose durchliefen, waren das Schaf und die Ziege. Man muss die Ziege als Haustierschwester des Schafes an dieser Stelle erwähnen, weil die Kulturgeschichte dieser beiden kleinen Wiederkäuer eine Parallelgeschichte ist. Das Verbreitungsgebiet der Bezoarziege, der Wildform der Hausziege, deckt sich in etwa mit dem des vorderasiatischen Mufflons.

Den Beginn der Domestikation datiert die Forschung heute, so Norbert Benecke in seinem Standardwerk *Der Mensch und seine Haustiere,* auf etwa 10 000 Jahre vor unserer Zeit. Aus archäologischen Funden im Nordirak leitete man eine Zeitlang die Vermutung ab, schon vor 12 000 Jahren hätten Menschen in diesem Gebiet Schafe gehalten. Die Grabungen ergaben ausweislich der Knochenfunde im Abfall der neolithischen Siedlung Zawi Chemi Shanidar einen hohen Anteil junger Tiere. Doch das ist kein besonders starkes Indiz für Schafe im Hausstand, sondern kann auch als Folge besonders intensiver Jagd

Vom Wildling zum Nützling: zahmes Schaf und wilder Bock.

auf lokale Wildbestände interpretiert werden. Morphologische Domestikationszeichen, vor allem Größenveränderungen, zeigen sich erst in Knochenfunden, die zweitausend Jahre später datiert werden. Domestizierte Schafe sind kleiner als ihre Wildform. Es lässt sich dabei eine Aufspaltung der Schafe in zwei durch ihre Größe unterschiedene Populationen nachweisen, eine Population kleiner Schafe (Hausschafe) und eine Population großer Schafe (Wildschafe). Bei den Hausschafen ist nun der Überhang von Jungtierknochen in den Funden besonders auffällig – ein Zeichen dafür, dass Lämmer geschlachtet wurden. Man schöpfte den Zuwachs der Schafherde ab, betrachtete diese Herde also als eine produktive Ressource. Die kulturgeschichtliche Bedeutung dieser mentalen und intellektuellen Revolution ist kaum zu überschätzen. Es ist trotz Raumfahrt und Digitalisierung immer noch der größte Schritt, den die Menschheit je gemacht hat.

Mit Schaf und Ziege also wurde nach jahrtausendelangem Stillstand der Domestikationskalender fortgeschrieben, über den Josef H. Reichholf in seinem Buch *Warum die Menschen sesshaft wurden* einen kurzen Überblick gibt: Den beiden kleinen Wiederkäuern folgte vor 9000 Jahren in Vorderasien und China das Schwein in den Hausstand. Vor 8500 Jahren tauchte dann das Rind in den Viehherden des Fruchtbaren Halbmondes auf. Seit 6000 Jahren folgen Esel und Dromedar den Wegen des Menschen, seit 5500 Jahren auch das Pferd. Die Frage aller Fragen, die sich daran knüpft, nämlich warum sich nur in Eurasien die Menschen in diesem Ausmaß tierische Ressourcen erschlossen, nicht jedoch im tierreichen Afrika und auch nicht in Amerika, das sich zumindest im Norden nach Landschaft, Fauna und Flora nicht so sehr von der Alten Welt unterscheidet – diese Frage harrt weiter einer Antwort.

Es ist von entscheidender Bedeutung für die Herausbildung einer produzierenden Wirtschaftsweise, dass es sich bei den ersten Nutztieren um Wiederkäuer handelte. Indem er sich den Wiederkäuerstoffwechsel nutzbar machte, gewann der Mensch die Herrschaft über ein hochproduktives biologisches System, mit dem er seine eigene Anpassungsfähigkeit an unterschiedliche, vor allem auch an karge Lebensräume, optimieren konnte. Wenn wir von der ›Genügsamkeit‹ des Schafes sprechen, das zur Not auch mit trockenem Gestrüpp auskommt, meinen wir eigentlich seine unglaubliche Effizienz in der Nutzung wenig nahrhaften, dürren Pflanzenmaterials. Und diese Effizienz beruht auf seinem Verdauungssystem.

Man lernt schon in der Schule, dass der Magen des Wiederkäuers aus mehreren Kammern besteht: dem Pansen, dem Netzmagen, dem Blättermagen und dem Labmagen. Im Pansen, einem großen Sack, wird das grob gekaute Futter fermentiert und dann, in kleinen Portionen hochgewürgt, noch einmal ›wiedergekäut‹. Die entscheidende Arbeit in diesem Verdauungssystem verrichten Bakterien. Sie wandeln die zu einem großen Teil aus Zellulose bestehende eiweißarme Pflanzennahrung in einen eiweißreichen Brei um, von dem die Tiere sich eigentlich ernähren. Wiederkäuer stellen also ihre eigene Nahrung her. Sie tragen in ihrem Stoffwechsel die Blaupause der agrarischen Wirtschaftsweise – anders etwa als das Schwein, dessen Haltung als Nutztier immer schon agrarische Überschüsse voraussetzt, denn biologisch ist es als Allesfresser ein Nahrungskonkurrent des Menschen.

Den Bauern und Hirten der Jungsteinzeit war noch nicht klar, zu welcher kulturellen Energiequelle der Stoffwechsel ihrer Schafe werden würde. Sie nutzten nur das Fleisch und die Häute. Änderungen in der Schafwirtschaft in Richtung Milch- und Wollnutzung traten frühestens dreitausend Jahre nach dem Beginn der Domestikation auf. Noch auf sumerischen Bildquellen wie der Kultvase von Uruk aus dem frühen dritten Jahrtausend v. Chr. überwiegen Haarschafe ohne Wollvlies. Andererseits gilt eine Tonstatuette aus dem Iran aus der Zeit um 6000 v. Chr. als erste Darstellung eines Wollschafes. Weitere Belege für diese Nutzungsform, so zum Beispiel auch Textilreste, gibt es aber erst wieder aus der Zeit zweitausend Jahre später.

Ein ägyptisches Grabrelief aus dem dritten Jahrtausend zeigt Männer, die eine Herde glatthaariger Schafe mit schraubenförmigen Hörnern über ein Feld treiben, offenbar um Saat einzutreten oder um das Feld zu düngen. Auch zum Dreschen wurden Schafe genutzt. Wolle tragende Schafe tauchen in Ägypten im Mittleren Reich im 2. Jahrtausend auf. Die Ausdifferenzierung der Schafnutzung und mit ihr verbunden die Herausbildung unterschiedlicher Schafrassen waren ein Prozess, der sich, beginnend in den neolithischen Lagerplätzen und Siedlungen des Fruchtbaren Halbmondes, über mehrere tausend Jahre hinzog.

Auf dem europäischen Kontinent, in Griechenland und auf dem Balkan, sind Hausschafe vom Typ des Soay-Schafes schon in 9000 Jahre alten Funden nachgewiesen. Sie hatten in der neolithischen Nahrungswirtschaft dort allerdings nicht die herausragende Bedeutung wie in Vorderasien. Der Siegeszug des Nutztieres Schaf begann in Europa mit den Römern. In der Landwirtschaft des Mittelalters und der Frühen Neuzeit spielte es eine Schlüsselrolle sowohl in der bäuerlichen Selbstversorgung mit Wolle, Fleisch und Milch als auch im System der Dreifelderwirtschaft. Durch Beweidung mit Schafen wurden gleichzeitig die Brachen und abgeernteten Felder gedüngt. Dieser Zusammenhang trat Schritt für Schritt ins Bewusstsein: Zunächst betrachtete man die Brachen und Stoppelfelder nur als Schafweide. Als seit dem 14. Jahrhundert wachsende Städte die Produktion landwirtschaftlicher Überschüsse nötig machten, erkannte man die Schafweide auch als Möglichkeit, den Bodenertrag zu steigern. Gleichzeitig setzte in den Städten eine erste, von der Tuchproduktion angestoßene industrielle Revolution ein, die den Rohstoff Wolle zu einem begehrten Handelsgut machte. Das Hausschaf wandelte sich vom lebenden Fleischvorrat der Jungsteinzeit zu einem multifunktionalen Leistungsträger der europäischen Zivilisation, über den der Pfarrer Johannes Colerus in seiner *Oeconomia oder Haußbuch* von 1604 folgende Hymne verfasst: »Wenn die Schafe wol stehen / die Weiber wol abgehen / die Bienen wol schwermen / der darff sich nichts hermen. Denn es ist gewislich war / wer mit dem einigen Schafvieh recht umzugehen weis / der kan mit seiner Haushaltung wol fortkommen / sintemal am gantzen Schaf nichts böses oder unnützliches ist: Das Fleisch / die Wolle / die Haut / die Milch / Butter und Kese / die Dermer / ja auch der Mist und Koth ist alles mit einander sonderlich gut / und kann allenthalben wol gebraucht werden«.

Es gab auch Gelehrte, die das Schaf, an dem angeblich nichts Böses oder ›Unnützliches‹ ist, verfluchten, weil es nicht nur

Den einen brachte es Wohlstand, den anderen nahm es die Existenz: Das Schaf ist nicht so harmlos, wie es aussieht.

Nährer, sondern auch Totengräber des Landmannes sein konnte, wenn Ackerland zu Weideland wurde, weil mit Wolle mehr Gewinn zu erzielen war als mit Feldfrüchten. Von beidem, vom Segen und vom Fluch der Schafe, erzählen die Schafwege, die Europa durchziehen. Sie zeugen von einer bis in die Jungsteinzeit zurückgehenden Tradition der Wanderweidewirtschaft. In den großen Gebirgszügen von den Pyrenäen über die Alpen und den Balkan bis zu den Karpaten stellt sie sich als jahreszeitliches Pendeln zwischen Winter- und Sommerweiden dar, als ein System der Schafhaltung, das in seiner Reinform ohne Koppel- und Stallhaltung auskommt. Man nennt diese Wanderweidewirtschaft ›Transhumanz‹. Der geheimnisvolle Klang dieses Wortes scheint aus den Tiefen der Vergangenheit zu kommen. Die Transhumanz ist in das uralte Wegenetz des europäischen Kontinents eingeschrieben. Mancher Pilgerweg war ursprünglich ein Schafsweg. Die Gründe dafür liegen nicht nur in der Geografie. Es blökt im christlichen Abendland kein Lamm ohne biblische Resonanz. Der geistliche Nutzwert des Schafes scheint seinen stofflichen noch zu übersteigen. Der Gott der Christen selbst tritt in der wolligen Unschuld eines Lamms in Erscheinung – ein immer noch bestürzender Gedanke.

Agnus Dei

Man möchte es anfassen, dieses wollige Merinolamm, das der spanische Barockmaler Francisco de Zurbarán zwischen 1635 und 1640 gleich in mehreren Versionen als *Lamm Gottes,* als Agnus Dei auf die Schlachtbank legte. Die schönste Version hängt im Prado in Madrid. Sie kommt ganz ohne rhetorische Zutaten wie einen Schriftzug oder einen angedeuteten Heiligenschein aus, die es aufdringlich als religiöses Symbol, als Metapher für den Kreuzestod Christi ausweisen. Formal ist dieses Gemälde kein Andachtsbild, sondern ein Stillleben, in dem der Maler triumphal seine Virtuosität der Oberflächengestaltung vorführt. Griffig wirkt die Merinowolle. Mit Pinsel und Farbe erzeugt Zurbarán perfekt die Illusion haptischer Erfahrung. Man meint, die fettige Dichte des Vlieses zu spüren.

Auf der grauen Schlachtbank liegt, die Läufe zusammengebunden, das weiße Lamm in dunkler Nacht. Es hat sich in sein Schicksal ergeben. Mit der Kehle, die gleich von einem scharfen Messer durchtrennt wird, schmiegt es sich an das Brett. Nichts begehrt in ihm auf. Es wird geopfert und es opfert sich. Natürlich verstanden die Zeitgenossen den religiösen Gehalt des Motivs. Er war geläufig und allgegenwärtig. Aber der Maler feiert das Lamm eben doch auch als Lamm, als Tier in all seiner Kreatürlichkeit und Schönheit. Zurbaráns Auge ist nicht nur das eines gläubigen Katholiken der Gegenreformation, sondern auch das eines Bauern, eines Schäfers, eines

Man meint, die fettige Dichte des Wollvlieses ertasten zu können: Francisco de Zurbaráns Lamm Gottes *von 1635 ist das Abbild eines perfekten Merinoschafs.*

Marktbesuchers, eines Metzgers, eines Wollhändlers. Dem Opfer folgt das Mahl. Man gerät angesichts dieses Lamms nicht nur in religiöse Verzückung, denn es steckt auch voller kulinarischer Versprechungen. Aus dem Agnus Dei wird in Spanien am Feuer über der Kohlenglut *cordero asado,* Lammbraten, dem man mit Knoblauch, Olivenöl und Wein jene Würze gibt, die schon das irdische Dasein als Vorschein ewiger Glückseligkeit erscheinen lässt.

Die Bezeichnung ›Lamm Gottes‹ für Jesus Christus geht auf das Johannesevangelium zurück. Dort wird über Johannes den Täufer berichtet: »Am nächsten Tag sieht Johannes, dass Jesus zu ihm kommt, und spricht: Siehe, das ist Gottes Lamm, das der Welt Sünde trägt!«. Und am Tag darauf sagt er es in Gegenwart zweier seiner Jünger noch einmal, als Jesus an ihm vorbeikommt: »Siehe, das ist Gottes Lamm!« Wie kam Johannes der Täufer auf diese Idee? Das Motiv war in der biblischen Überlieferung vorgebildet. Der Prophet Jesaja berichtet vom »Knecht Gottes«, der »so verachtet war, dass man das Angesicht vor ihm verbarg«. Er sei »um unsrer Missetat willen verwundet und um unsrer Sünde willen zerschlagen«. Und weiter heißt es: »Wir gingen alle in die Irre wie Schafe, ein jeder sah auf seinen Weg. Aber der Herr warf unser aller Sünde auf ihn. Als er gemartert ward, litt er doch willig und tat seinen Mund nicht auf wie ein Lamm, das zur Schlachtbank geführt wird; und wie ein Schaf, das verstummt vor seinem Scherer, tat er seinen Mund nicht auf«.

Die Geläufigkeit, mit der Jesaja das Opfertier Lamm in seiner Wehrlosigkeit und Schicksalsergebenheit charakterisiert, verweist auf die zentrale Bedeutung, die dieses Tieropfer im

Judentum vor der Zerstörung des Tempels hatte. Wir haben es mit einer gewachsenen religiösen Routine zu tun, in die uralte Erfahrungen einer Hirtenkultur eingegangen sind. Wunderbar plastisch geschildert findet man das im 2. Buch Mose in dem Bericht über die Einsetzung des Pessach-Festes. Man muss das etwas ausführlicher zitieren, weil keine Paraphrase diese Identität von pastoraler Alltagsroutine und Heilsgeschichte besser vermitteln kann als das biblische Original: »Der Herr aber sprach zu Moses und Aaron in Ägyptenland: Dieser Monat soll bei euch der erste Monat sein, und von ihm an sollt ihr die Monate des Jahres zählen. Sagt der ganzen Gemeinde Israel: Am zehnten Tage dieses Monats nehme jeder Hausvater ein Lamm, je ein Lamm für ein Haus. Wenn aber in einem Hause für ein Lamm zu wenige sind, so nehme er's mit seinem Nachbarn, der seinem Hause am nächsten wohnt, bis es so viele sind, dass sie das Lamm aufessen können. Ihr sollt aber ein solches Lamm nehmen, an dem kein Fehler ist, ein männliches Tier, ein Jahr alt. [...] Und sie sollen von seinem Blut nehmen und beide Pfosten an der Tür und die obere Schwelle damit bestreichen an den Häusern, in denen sie's essen, und sollen das Fleisch essen in derselben Nacht, am Feuer gebraten, und ungesäuertes Brot dazu und sollen es mit bitteren Kräutern essen. Ihr sollt es weder roh essen noch mit Wasser gekocht, sondern am Feuer gebraten mit Kopf, Schenkeln und inneren Teilen. Und ihr sollt nichts davon übrig lassen bis zum Morgen; wenn aber etwas übrig bleibt bis zum Morgen, sollt Ihr's mit Feuer verbrennen.« Wozu das Ganze? Der Herr plant ein fürchterliches Strafgericht an den Ägyptern und ihren Göttern. Alle Erstgeburten bei Mensch und Vieh will er vernichten. Doch die mit dem Blut des Pessach-Lamms markierten Häuser verspricht er zu verschonen. Die Israeliten waren gehorsam. Lammfleisch – geröstet, nicht gekocht – ist so zu einem wesentlichen Brennstoff des Monotheismus geworden.

Agnus dei qui tollis peccata mundi, Lamm Gottes, das die Sünden der Welt (weg-)trägt – als liturgische Formel ist das im 7. Jahrhundert in den katholischen Messritus eingegangen. Bis dahin herrschte die Auffassung, man dürfe Jesus Christus nicht mit Tiernamen belegen. Es war Papst Sergius I., der den Gesang vom Agnus Dei in den Gottesdienst aufnehmen ließ. Was im Evangelium so prominent ausgedrückt ist, kann ja nicht falsch sein. Sergius entstammte einer syrischen Emigrantenfamilie. Er wurde in Palermo geboren, tat viel für die Christianisierung der Friesen und scheint einer sinnenfrohen Glaubenspraxis gegenüber sehr aufgeschlossen gewesen zu sein. Die Ausschmückung der Gotteshäuser, von denen er viele weihte, war ihm ein großes Anliegen. Von Zurbaráns spanischem Merinolamm wäre er wahrscheinlich begeistert gewesen.

Mit dem Lamm als dem geduldigen, sanftmütigen, reinen und unschuldigen Opfertier hat man die religiöse Schafsymbolik noch lange nicht ausgeschöpft. Zwar hat das flauschige, weiße Lämmchen in Verbindung mit Weihnachten und Ostern in der christlichen Populärkultur eine bemerkenswerte Karriere als Krippenfigur oder Biskuitkuchen gemacht. Auch in der Werbung für Feinwaschmittel spielt es eine bedeutende Rolle. Doch tut man dem Lamm Unrecht, wenn man es auf seinen Kinderstatus, gar auf seine Niedlichkeit reduziert. Vielleicht sind solche Zuschreibungen auch ein Schutz gegen die Erschütterung, die von dem Gedanken ausgeht, dass das Opferlamm die Selbstopferung Gottes symbolisiert und damit auch das Ende jeglichen Opfers als ›Geschäftsbeziehung‹ zwischen Mensch und Gott. Gnade kennt keinen Tausch. Das Lamm Gottes setzt den unerhörten Gedanken frei, dass der Mensch voraussetzungslos in der Liebe Gottes geborgen sei. Es ist zu erstaunlichen Metamorphosen fähig. Ohne diese Fähigkeit könnte es seine heilsgeschichtliche Rolle nicht ausfüllen. Das Lamm Gottes nimmt die Sünden der Welt auf sich, aber es hat darüber hinaus noch einiges vor, zum Beispiel die Gründung eines Gottesreichs. Und als Bräutigam wie auch als Hirte wird es unterwegs auch noch in Anspruch genommen.

Hören wir einmal in die *Matthäus-Passion* von Johann Sebastian Bach hinein, zu deren Chören und Arien der wackere sächsische Kantatendichter Christian Friedrich Henrici die Texte beigesteuert hat. Das Lamm begegnet einem gleich im Eingangschor: »Kommt, ihr Töchter, helft mir klagen. Sehet! Wen? Den Bräutigam. Seht ihn! Wie? Als wie ein Lamm. Sehet! Was? Seht die Geduld. Seht! Wohin? Auf unsre Schuld. Sehet ihn aus Lieb und Huld Holz zum Kreuze selber tragen.« Normalerweise klagen Mädchen nicht, wenn ein Bräutigam erscheint, sondern winden der Braut den Jungfernkranz. Aber es geht ja nicht zur Hochzeit, sondern zum Opfertod. Allerdings: Die Grenzen sind hier fließend. Jesus, dem Lamm Gottes, singt der Sopran ein Liebeslied, das heiter beginnt und sich, begleitet von antreibenden Oboen und einem Fagott, in immer größere Inbrunst und Verschmelzungssehnsucht steigert. Die Musikanten dürfen bei diesem Stück wahrlich zeigen, was sie können: »Ich will Dir mein Herze schenken, senke dich, mein Heil hinein. Ich will mich in dir versenken.« Während die »Töchter«

den »Bräutigam« anschmachten, betet das Volk das Lamm Gottes im Choral schon als Hirten an: »Erkenne mich, mein Hüter, mein Hirte nimm mich an! Von Dir, Quell aller Güter, ist mir viel Gut's getan.«

Das Gotteslamm, das die Pose des Hirten einnimmt, ist ein in der christlichen Kunst weit verbreitetes Motiv. Mit dem Vorderlauf umfasst das Lamm das Siegeszeichen der Kreuzfahne wie einen Hirtenstab. In dieser Pose wurde es auch zum Zunftwappen der Fleischer, die heute wahrscheinlich gar nicht mehr wissen, dass sie damit ihr Handwerk auf opferkultische Ursprünge zurückführen. In der Kreuzigungsszene des Isenheimer Altars hat Matthias Grünewald dieses Opferlamm mit Siegeszeichen Johannes dem Täufer beigegeben, der in rotem Mantel rechts vom Gekreuzigten stehend mit Schrift und deutendem Zeigefinger die Erfüllung des Heilsversprechens bezeugt. Dem Lamm zu seinen Füßen schießt ein Blutstrahl aus dem Hals in einen goldenen Kelch. Gleichwohl reckt es sich herrisch und verbürgt, dass der schrecklich gemarterte Schmerzensmann am Kreuz den Tod überwindet.

Auf der Tafel *Die Anbetung des Lamms und der Quell des Lebens* des Genter Altars von Jan van Eyck sieht man das blutende Opferlamm triumphal im Mittelpunkt einer Anbetungsszene. Fast erinnert es an einen Tiergott oder an das Goldene Kalb, wie es da mit goldenem Strahlenkranz um das stolz erhobene Haupt auf dem Altar steht, umgeben von einer Schar Engel, die ihm huldigen. Das Opferlamm ist zum machtvollen Herrscher des Gottesreiches geworden.

Diese Metamorphose geht biblisch auf die Offenbarung des Johannes zurück, die letzte, rätselhafteste und einzige prophe-

Triumphator im Schafspelz: die Tafel Anbetung des Lamms *des Genter Altars von Jan van Eyck, 1432.*

tische Schrift des Neuen Testaments. Noch niemand hat dieses Sendschreiben eines Johannes genannten Autors an die sieben unter römischer Unterdrückung leidenden christlichen Gemeinden in Kleinasien wirklich entschlüsselt. Was erfährt man in dieser das Heilsversprechen in flammende Bilder fassenden Trostschrift über das Lamm? Im 5. Kapitel taucht es zum ersten Mal auf. Der Ich-Erzähler beschreibt den Himmelsthron und das Buch mit den sieben Siegeln, das nicht geöffnet werden kann, weil niemand dazu würdig wäre: »Und ich sah mitten zwischen dem Thron und den vier Gestalten und mitten unter den Ältesten ein Lamm stehen, wie geschlachtet; es hatte sieben Hörner und sieben Augen, das sind die sieben Geister Gottes, gesandt in alle Lande. Und es kam und nahm das Buch aus der rechten Hand dessen, der auf dem Thron saß. Und als es das Buch nahm, da fielen die vier Gestalten und die vierundzwanzig Ältesten nieder vor dem Lamm ...«.

Das Lamm ist nicht das einzige gehörnte Tier dieser Apokalypse. Dem Meer entsteigt ein Ungeheuer mit zehn Hörnern und sieben Häuptern, und aus der Erde kommt eines mit zwei Hörnern, das »redet wie ein Drache«. Doch das Lamm schart die Seinen um sich auf dem Berg Zion, »hundertvierundvierzigtausend, die hatten seinen Namen und den Namen seines Vaters geschrieben auf ihrer Stirn«. Es besiegt die Hure Babylon und bereitet sich zur Hochzeit mit dem Himmlischen Jerusalem. Mit seinen gleich sieben Hörnern übertrumpft das Lamm der Offenbarung alle »heidnischen« Widdergottheiten.

Der Geburt des Schafes ›Dolly‹, fast genau 2000 Jahre nach dem Selbstopfer Gottes am Kreuz, war keine Hochzeit vorausgegangen, auch keine himmlische. Dolly, ein walisisches Bergschaf, gilt als erstes geklontes Säugetier. Es verdankte seine Existenz nicht der Verschmelzung einer Eizelle mit einer Samenzelle, sondern der künstlichen ›Befruchtung‹ einer Eizelle mit einem Zellkern aus Euterzellen eines Spendertieres. Als Dolly 2003 im Alter von sechseinhalb Jahren starb, wurde ihm eine Totenmaske abgenommen. Für die Nachwelt ist es als Präparat im Museum von Edinburgh erhalten. So viel Memoria für ein ›künstliches‹ Schaf! Ist es ein Zufall, dass es Schafe waren, an denen die Biowissenschaft die biotechnische Grenzüberschreitung zuerst probte und nicht an Mäusen, Meerschweinchen oder Kaninchen? Provokativer hätte sie den Glauben an eine göttliche Schöpfungsordnung nicht herausfordern können. Das Lamm Gottes, das die Sünden der Welt auf sich nimmt, kann man heute nicht mehr denken ohne Dolly, das zur Chiffre für den bioethischen Sündenfall wurde. Demut und Hybris kommen gleichermaßen im Schafspelz daher.

Schafe und Schäfer waren das bevorzugte Motiv des niederländischen Landschafts- und Tiermalers Anton Mauve (1838–1888): Schafherde in einem Wald.

Transhumanz

War Ötzi ein Hirte? Konrad Spindler, Professor für Ur- und Frühgeschichte an der Universität Innsbruck, der Bahnbrechendes bei der Erforschung des 1991 am Tisenjoch in den Ötztaler Alpen gefundenen mumifizierten »Mannes aus dem Eis« geleistet hat, ist sich mit seiner Antwort ganz sicher. Wenige Monate vor seinem Tod 2005 sagte er im *Österreichischen Rundfunk:* »Ich möchte ausdrücklich betonen, dass der Mann im Eis ein normales Mitglied seiner Dorfgemeinschaft gewesen ist und dass er eben die spezielle Aufgabe eines Hirten gehabt hat. [...] Er wusste, wie man mit dem Vieh umgeht. Er war in der Lage, die Herde in die Weidegebiete zu führen und wieder zurück. Auf diese Weise war er ein wichtiges, vielleicht unersetzliches Mitglied seiner Gemeinschaft gewesen«.

Der Prähistoriker sah sich zu dieser Äußerung wohl veranlasst, weil die Spekulationen um den Gletschermann umso wilder ins Kraut schossen, je mehr Details über die gewaltsamen Umstände seines Todes bekannt wurden. Ötzi starb an der Verwundung durch einen Pfeil und/oder an einem Schädel-Hirn-Trauma. Stunden vor seinem Tod muss er in einen Nahkampf verwickelt gewesen sein. Wer verfolgte ihn? War er Opfer einer Blutrache? Oder eines Raubmordes? Warum ließen ihm seine Mörder dann aber das wertvolle Kupferbeil, das er bei sich trug? Vielleicht hatte der Mann seine Verfolger auch schon abgeschüttelt und wähnte sich in Sicherheit. Jedenfalls nahm er bei seiner letzten Rast eine ordentliche Portion Steinbockfleisch zu sich. Gejagt hat er also auch. Die felsigen Regionen weit oberhalb der Baumgrenze, wo die Steinböcke zuhause sind, müssen ihm vertraut gewesen sein. Kannte er vielleicht geheime Erzadern? War er eine Mischung aus Schamane und Bergbauunternehmer?

Man darf seiner Fantasie freien Lauf lassen. Einige unbezweifelbare Fakten sollte man jedoch nicht übersehen. Ötzi trug Kleidung aus Schaffell und Mokassins aus Rindsleder. Er trug mit sich, was man für einen längeren Aufenthalt im Gebirge braucht, nicht zuletzt einen Glutbehälter aus Birkenrinde. Er entstammte einer Kultur, die auf Ackerbau und der Nutzung domestizierter Wiederkäuer beruhte. Er war vom Vinschgau im heutigen Südtirol zum Alpenhauptkamm hinaufgestiegen, und vieles spricht dafür, dass er die Pfade dorthin kannte. Es waren die Pfade des Wildes, die zu Pfaden der Schafe und der Hirten wurden. Auch wenn archäologische Pollenuntersuchungen in unmittelbarer Nähe von Ötzis Fundort keinen Nachweis einer Beweidung zur Zeit seines Todes vor etwa 5250 Jahren erbracht haben, erscheint Spindlers These von Ötzi, dem Hirten, doch plausibel, zumal in der weiteren Region Weidenutzung von Hochweiden schon im 3. Jahrtausend v. Chr. nachgewiesen ist. Stickstoff liebende Pflanzen wie Enzian und Bärtige Glockenblume werden durch den Dung der Schafe begünstigt. Die entsprechenden Sedimente in Gebirgsseen weisen deren Pollen dann besonders häufig auf.

Wir nehmen also an: Ötzi war ein Hirte, der mit seiner Herde zwischen den Winterweiden im Vinschgau und den Sommerweiden im Ötztal oder Schnalstal pendelte. Er tat das, was Hirten in dieser Gegend, heute, also mehr als 5000 Jahre später, immer noch tun.

Der jahrtausendealten Hirtenkultur zwischen Südtirol und dem Alpenhauptkamm hat der Volkskundler und Mundartdichter Hans Haid, hartnäckiger Kämpfer gegen den Umbau der Alpen in einen Vergnügungspark, das wunderbare Buch *Wege der Schafe* gewidmet. Haid legt eine fünf Jahrtausende überspannende kulturelle Kontinuität dar, die auf einer bestimmten Form der Nutzung von Schafen – sicher auch Ziegen und in geringerem Umfang Rindern – beruht. Es ist die Wanderweidewirtschaft, für die sich unter Kultur- und Ethnogeografen, Haustierforschern und Wirtschaftshistorikern der Begriff ›Transhumanz‹ eingebürgert hat.

Wann dieser Begriff genau in Gebrauch kam und wie er sich etymologisch herleitet, das ist immer noch nicht ganz geklärt. Im Französischen ist das Verb ›transhumer‹ geläufig, das sowohl in einem allgemeinen Sinne ›wandern‹ bedeutet als auch speziell ›eine Herde treiben‹ oder ›die Weide wechseln‹. Man kann in dem Begriff die lateinischen Bestandteile ›trans‹ (jenseits) und ›humus‹ (Erde) erkennen, was manche zu der Interpretation veranlasst, ›Transhumanz‹ bedeute ›jenseits der bebauten Erde‹. In den romanischen Ländern bezeichnen auch Wanderhirten das, was sie tun, selbst als Transhumanz. In der Schäfertradition des deutschen Sprachraums ist das Wort nicht geläufig, wird aber in jüngerer Zeit öfter verwendet, wenn es darum geht, die Wanderschäferei vor allem Süddeutschlands als wertvolles, erhaltenswertes und gemeineuropäisches kulturelles Erbe darzustellen.

Die Besonderheit der Transhumanz erschließt sich, wenn

man sie vergleicht mit den anderen beiden wichtigen Formen mobiler Weidewirtschaft, also dem Nomadismus und der Alpwirtschaft. Gemeinsam sei diesen drei Systemen, schreibt Wolfgang Jacobeit in seinem Klassiker *Schafhaltung und Schäfer in Zentraleuropa bis zum Beginn des 20. Jahrhunderts,* das »Wandern von Herden bei mehr oder minder großen Entfernungen zwischen den einzelnen Weidegründen, die je nach den klimatischen oder geografisch-floristischen Gegebenheiten im Wechsel der Jahreszeiten aufgesucht werden«. Beim Nomadismus wandern ganze Familien, Clans oder Stämme samt Hausrat mit den Herden. Schafe spielen für diese Wirtschaftsform eine wichtige Rolle, vor allem in Zentralasien. Doch gehören auch andere Nutztiere zum Viehbestand der Nomaden, etwa Pferde, Kamele oder, wie in der Mongolei, Yaks. Einen festen Wirtschafts- und Wohnsitz, an den die Viehzüchter regelmäßig zurückkehren, gibt es im idealtypischen Nomadismus nicht.

Im Gegensatz dazu setzt die Alpwirtschaft Sesshaftigkeit voraus, eine »feste Station« (Jacobeit), »in die man im Laufe des jährlichen Weideturnus immer wieder zurückkehrt, in der man sich die längste Zeit des Jahres aufhält, ja, die der eigentliche Ausgangs- und Fixpunkt des ganzen Wirtschaftssystems ist«. Im europäischen Alpenraum schicken die Bauern im Tal ihr Jungvieh oder auch Milchkühe in den Sommermonaten unter der Obhut eines bezahlten Hirten auf meist genossenschaftlich genutzte Bergweiden. Wird dort an Ort und Stelle die Milch zu Käse verarbeitet, übernimmt der Hirte auch die Aufgabe des Senners. In den Alpen verbindet man diese Wirtschaftsform hauptsächlich mit Rindern. Schafe spielen hier nur eine Nebenrolle. Ganz anders sieht das auf dem Balkan oder in den Kar-

Manchmal führt der Weg der Schafe über das Wasser: Rosa Bonheur, Weidenwechsel, *1863.*

paten aus, wo die Zubereitung von Schafskäse von alters her Hirtenarbeit ist. Im Winter werden bei der Alpwirtschaft die Herdentiere auf ihre Besitzer verteilt und eingestallt, bis man sie im Frühsommer wieder auftreibt, wobei oft auf Frühjahrsweiden, welche im weiteren Jahresverlauf dann der Heugewinnung dienen, Zwischenstation gemacht wird. Ohne das Einbringen von Winterfutter funktioniert die Alpwirtschaft nicht.

Die Transhumanz nun kommt in ihrer reinen Form ohne Stall und Winterfütterung aus. Sie ist nicht an einen landwirtschaftlichen Betrieb gebunden. Zwar sind die Besitzer der Herden oft Bauern, die im Tal Ackerbau betreiben, doch bleibt die Schafhaltung – und bei der Transhumanz haben wir es ganz überwiegend mit Schafen zu tun – von dieser Landwirtschaft völlig getrennt. Schafhaltung und Ackerbau bilden keine betriebliche, sondern höchstens eine besitzmäßige Einheit. Geführt werden die Herden von angestellten Hirten auf manchmal Hunderte Kilometer langen Wanderwegen zwischen Sommer- und Winterweiden. Um diese ›Triften‹ und die Weiderechte wurden im Laufe der Jahrhunderte endlose Rechtsstreitigkeiten geführt. Waren ackerbauende Landwirte im Herbst nach der Ernte froh, wenn Schafherden ihre Äcker düngten, wollten sie die frische Frühjahrssaat natürlich nicht an Schafsmäuler verlieren. Die Hirten ihrerseits standen unter dem Zwang, täglich die Herde sattzubekommen. Dieser Grundkonflikt verschärfte sich, als im 19. Jahrhundert durch den Kunstdünger und neue Techniken der Bodenbearbeitung Flächen unter den Pflug genommen werden konnten, die bis dahin für Ackerbau nicht infrage gekommen waren – die Schafe hatten ihren Kollateralnutzen für die Ackerbauern verloren. Die wechselhafte Beziehung zwischen Schäfern und Bauern gehört zu den dramatischsten Elementen der ländlichen Sozialgeschichte Europas.

Die klassischen Transhumanzländer Europas sind die Mittelmeeranrainer, also vor allem Spanien, Frankreich, Italien sowie die Balkanstaaten. In Südfrankreich verläuft einer der Hauptwege der Transhumanz zwischen den Salzsteppen der Camargue, wo die Herden den Winter verbringen, in die französischen Alpen und die Seealpen. Andere Wege führen in die Pyrenäen und in die Cevennen. Mehrere Wochen konnten die Hirten mit ihren Schafen zwischen Winter- und Sommerweide unterwegs sein. Die bis zu 60 Meter breiten Triften umkurvten, wo es ging, Ackerland und bewohntes Gebiet.

In der zweiten Hälfte des 20. Jahrhunderts war die Zeit der großen Wanderherden vorbei, nicht jedoch die der Transhumanz. Eisenbahn und Lastkraftwagen übernahmen den Transport der Herden. Nur die letzte unwegsame Strecke zu den Hochweiden legen die Schafe noch zu Fuß zurück. Das war wegen der zunehmenden Zerschneidung der Landschaft durch Eisenbahntrassen und Fernstraßen nicht zu vermeiden und erleichterte den Hirten vieles, nicht zuletzt wurden so die mit der Herdenwanderung verbundenen Nutzungskonflikte vermieden. Doch führten die neuen Transportmethoden auch zu neuen Schwierigkeiten. Der Herdentransport ist ein Saisongeschäft. Wenn das Wetter danach ist, wollen alle mit möglichst allen ihren Schafen den Weidewechsel vollziehen. Das führt zu Engpässen beim Transport. Auch verkraften die Schafe oft den abrupten Wechsel der Klima- und Weideverhältnisse nicht gut. Es fehlt Zeit für die Akklimatisierung.

Die süddeutsche Wanderschäferei, die heute fast zum Erliegen gekommen ist, erfüllt nicht alle Kriterien klassischer Transhumanz. Sie kannte kein freies Pendeln der Herden zwischen den Weidegebieten ohne Stall und Pferch. Die Schäfer, die in der Regel auch die Besitzer der Schafe waren, hatten und haben meist eine ›feste Station‹ und wandern von dort aus in die verschiedenen Weidegebiete. Große Schafherden existieren in Deutschland erst seit dem ausgehenden Mittelalter. Bis dahin war die Schafhaltung in die Wirtschaft der Güter und Bauernstellen integriert und kein selbstständiger Erwerbszweig. Die württembergischen Grafen begannen damit, herrschaftliche Schafhaltung aufzuziehen, weil sie am wachsenden Geschäft mit der Wolle teilhaben wollten. Sie beanspruchten,

Der Schäfer führt die Herde in den sicheren Pferch: Karl Schlesinger, Auf dem Heimweg, *1871.*

ähnlich wie beim Jagdrecht, Weiderecht auf dem Grund ihrer Untertanen und richteten überall im Land Schafhöfe ein, die seit dem 16. Jahrhundert mehr und mehr in Erbpacht von privaten Schafunternehmern betrieben wurden. Die Pächter profitierten von den landesherrlichen Weideprivilegien, die noch 1828 im sogenannten Landgefährt erneuert wurden.

Viele der so entstandenen privaten Schäfereien hatten ihren Standort auf der Schwäbischen Alb, die heute noch eine Hochburg der Schafzucht ist. Die Wege der Schafe führten von dort zu den Winterweiden im Bodenseegebiet, in der Pfalz oder in Südhessen. Noch heute unternehmen Schäfer vereinzelt solche ›Reisen‹, pendeln jedoch meist mit dem Auto zwischen der unterwegs irgendwo eingepferchten Herde und ihrer Wohnung. Die Zeit, in der man im Schäferwagen Schäferstündchen verbringen konnte, ist vorbei. Die Herden, die von einem Schäfer mit seinen Hunden behütet werden, sind allerdings noch nicht aus der Landschaft verschwunden. Auch wenn sie in der Regel keine weiten Reisen mehr unternehmen und auch das Wort ›Reisen‹ für das Wandern mit Schafen noch selten benutzt wird, stimulieren diese Bilder bei vielen eine Sehnsucht nach einem selbstbestimmten Leben im Einklang mit der Natur. Eine friedlich weidende Herde, ein Schäfer, der auf seine Schäferschippe gestützt und von seinen Hunden flankiert die Zeit vergehen lässt, das ist ja auch wahrlich ein friedvolles Bild. Und jeder Schäfer wird bestätigen, dass es solche Momente der völligen Zufriedenheit im Schäferleben tatsächlich gibt. Doch dann wird ihm der Mund übergehen von den Widrigkeiten, mit denen er zu kämpfen hat. Die Energiewende treibt die landwirtschaftlichen Pachtpreise in schwindelnde Höhen. Auch auf Flächen, die bisher absolute Schafweide waren und zu nichts anderem taugten, kann Biomasse für die Biogasanlagen erzeugt werden. Sie bringt dort mehr ein als im Schafmagen. Dazu kommen bürokratische Monster wie die »elektronische Einzeltierkennzeichnung« der EU, die einen riesigen zusätzlichen Arbeitsaufwand erzwingen. Und zu alledem macht sich mehr und mehr ein alter Bekannter bemerkbar, von dem man seit 150 Jahren nichts mehr gehört hatte: Der nach Mitteleuropa zurückgekehrte Wolf zwingt die Schäfer, sich neben all den neuen Problemen auch noch mit einem sehr alten neu zu befassen.

Trotz alledem, trotz aller Widrigkeiten mag niemand der Schäferei das Totenglöcklein läuten. In Frankreich, Spanien und Italien werden die alten Transhumanz-Traditionen wiederbelebt. Schäferschulen geben das alte Wissen der Hirten an Menschen weiter, die sich ganz bewusst dafür entscheiden, diese extensive Form der Landnutzung und damit diese Lebensform zu ihrer Sache zu machen. Auch in Deutschland gehören Nachwuchssorgen nicht zu den größten Ängsten des Schäferstandes. Auffallend viele junge Frauen interessieren sich für den Beruf, dessen hohes Ansehen gerade bei ökologisch sensibilisierten Zeitgenossen in keinem Verhältnis zu den ökonomischen Chancen steht, die er eröffnet. Als europäisches Kulturerbe wird die Transhumanz heute auch von der Politik hofiert. Wandernden Schafherden gilt in Zeiten industrieller Tierhaltung jegliche Sympathie. Dabei wird vergessen oder gar nicht erst gewusst, dass diese Herden einmal für Verwüstung und Zerstörung standen und Schafe als Kulturvernichter verflucht wurden. Wir müssen uns jetzt der Wolle zuwenden. Dabei wird es wenig kuschelig zugehen.

»Menschenfressende Schafe«

Schon die griechische Mythologie kannte den Kult um ein besonders wertvolles Schaffell. Es war golden und gehörte dem Widder Chrysomeles, der fliegen und sprechen konnte und damit ein Mehrnutzungsschaf darstellte, wie es alle Züchterkunst bis heute nicht hat schaffen können. Den Widder nun holte der ebenfalls mit Flugkünsten vertraute Hermes zur Hilfe, als es darum ging, die Kinder der Königin Nephele zu retten, die von ihrem Mann, dem König Athamas, verstoßen worden war und um das Leben ihrer Sprösslinge fürchtete. Hermes setzte die Kinder Helle und Phrixos auf den Rücken des Widders, der sie nach Kolchis am Schwarzen Meer bringen sollte. Helle fiel unterwegs ins Wasser, wodurch der Hellespont entstand. Phrixos aber kam wohlbehalten in Kolchis an und wurde vom dortigen König Aietes gastlich empfangen. Aus Dankbarkeit für die Rettung opferte man Chrysomeles dem Zeus und hängte das goldene Vlies des Schafbocks (das fortan zum Legendenstoff avanciert und daher von nun an mit Großbuchstaben geschrieben wird) im Hain des Ares auf, wo es nun darauf wartete, von Jason und seinen Argonauten geraubt zu werden, was nun wieder eine ganz andere Geschichte ist, die zu erzählen Tage und Nächte brauchte, denn die Mannschaft, die der Königssohn Jason auf seinem schnellen Schiff Argo versammelt, ist ein Who's Who der altgriechischen Sagenwelt. Wir machen es kurz: Jason findet das Goldene Vlies und er bringt es an sich, nicht ohne die

Jason und Medea verzichten beim Raub des Goldenen Vlieses auf überflüssige Kleidung, illustriert von Albert Maignan (1845–1908).

Hilfe der mit Zauberkünsten begabten Medea. Aber es nimmt kein gutes Ende mit den beiden. Das Ganze endet in einem Blutrausch, in Mord und Selbstmord. Das Widderfell gerät darüber fast in Vergessenheit. Was hatte es damit auf sich?

Das Gold und die Feinheit machen seinen Wert aus. Man weiß, dass in Kolchis am Kaukasus, heute westliches Georgien, schon in archaischer Zeit besonders feine Schaffelle dazu verwendet wurden, Goldstaub aus den Gebirgsbächen zu waschen. Man zog sie durch das Wasser. Der wertvolle Staub blieb im feinen Vlies hängen. Das bedeutet aber auch, dass es in dieser Region schon früh Schafe mit dieser feinen Wolle gegeben haben muss. Kolchis also versprach sagenhafte Goldschätze und ebenso wunderbare Schafe. Wenn das nicht Gründe für Raub- und Eroberungszüge sind! Im Lichte des Goldenen Vlieses und der Argonautensage wird die Schafexpedition mutiger Schwaben, von der jetzt zu erzählen ist, zu mehr als einer bloßen Episode der Agrar- und Tierzuchtgeschichte. Die Männer, die sich hier von Schafen träumend auf den Weg machen, sind Helden, Argonauten zu Fuß und in der Kutsche, die dem König schließlich bringen, was er begehrt.

Am 8. Februar 1786 trat der württembergische Kammerrat Jakob Heinrich Wider, Direktor des Ludwigsburger Zuchthauses, die größte Reise seines Lebens an. In Begleitung des Oberschreibers Carl Friedrich Stängel bestieg er ungeachtet seines fortgeschrittenen Alters und seiner angeschlagenen Gesundheit eine Kutsche, die ihn im Auftrag des Herzogs Karl Eugen nach Spanien bringen sollte. Seine Mission war diplomatisch und logistisch sorgfältig vorbereitet. Trotzdem geriet sie mehrfach an den Rand des Scheiterns. Den Landständen presste der

Landesherr für dieses Unternehmen 12 000 Gulden ab. Er bewies damit Weitblick. Widers weite Reise nämlich diente dem Einkauf von spanischen Merinozuchtböcken und -muttertieren, die der darniederliegenden Schafzucht auf die Beine helfen und Württemberg seinen Anteil am wachsenden Geschäft mit der Wolle sichern sollten.

Bis zur Mitte des 18. Jahrhunderts war in Spanien der Export von Merinozuchttieren unter Androhung der Todesstrafe verboten, so jedenfalls wird es kolportiert. Die Herden standen unter dem Schutz der Krone. Ihre Besitzer, die sich schon im 13. Jahrhundert unter königlicher Schirmherrschaft im »Ehrenwerten Rat der Mesta« zusammengeschlossen hatten, waren mit weitreichenden Weiderechten ausgestattet, die sie rücksichtslos gegen den Ackerbau durchsetzten. Um 1750 aber erzwangen Bevölkerungswachstum und Hungersnöte in Spanien das Ende der Unterwerfung des Landes unter die Interessen der großen Herdenbesitzer. Die Mesta wurde aufgelöst und das Merinoexportverbot, das Spanien bis dahin ein europäisches Monopol auf Feinwolle gesichert hatte, gelockert. Man führt den Namen der Merinoschafe auf den Berberstamm der Meriniden zurück, der besonders feinwollige Tiere züchtete und im Mittelalter nach Spanien brachte. Das Merino ist damit das arabische Vollblut unter den Schafen. Der genetische Merinoanteil in einem Schafbestand gilt als Gradmesser der ›Veredelung‹.

Um diese Veredelung in seinem Land voranzutreiben, gründete Karl Eugen von Württemberg, dem die Schwaben das Neue Schloss und das Schloss Solitude in Stuttgart zu verdanken haben, eine »Schafzucht-Verbesserungs-Deputation«, in die er auch den Kammerrat Wider berief, der sich mit Wolle gut auskannte, weil dem von ihm geleiteten Zuchthaus eine Tuchmanufaktur angegliedert war. Über Kontaktleute in Frankreich nahm dieses Gremium Verhandlungen mit der spanischen Krone auf, die zu dem Ergebnis führten, dass dreißig Böcke und zehn Mutterschafe nach Württemberg verkauft werden durften. Dieses Geschäft auf dem großen Schafmarkt in Segovia abzuwickeln war der Zweck der legendären schwäbischen Merinoexpedition, mit der tatsächlich der Grundstein für die moderne Schafzucht nicht nur in Württemberg, sondern in ganz Mitteleuropa gelegt wurde. Ich folge bei der Beschreibung dieser abenteuerlichen Reise dem Bericht, den Manfred Reinhardt 2008 im *Staatsanzeiger* von Baden-Württemberg veröffentlicht hat.

Ein knappes Jahr bevor Wider und Stängel im Frühjahr 1786 aufbrachen, wurden zwei Schäfer an die damals berühmte Schäferschule in Montbard in Burgund geschickt, wo schon reinrassige Merinos gezüchtet wurden. Die zwei Abgesandten, der 24 Jahre alte Joseph Clapier aus Großvillars im Kraichgau und der 29 Jahre alte Friedrich Gallus, Schäfermeister aus Lienzingen, sollten sich mit der Rasse, ihrer Pflege und ihren besonderen Bedürfnissen und Eigenarten vertraut machen. Sie wanderten im Juli 1785 zu Fuß bis Straßburg. Dort stattete sie ein Vertrauter der württembergischen Regierung mit Pässen aus und bezahlte für sie die Kutsche nach Montbard.

Wider und Stängel stießen am 21. Februar 1786 zu den beiden Schäfern. Wider hatte nicht darauf verzichtet, noch einen Bedienten mitzunehmen. Außerdem führte er zwei Pistolen im Gepäck mit. Der französisch sprechende Clapier blieb in Frankreich zurück, um auch dort möglichst reinrassige Merinos zu kaufen. Die anderen setzten ihre Reise Richtung Spanien auf der Suche nach den großen Herden fort, die um diese Zeit auf der Frühjahrswanderung waren. Barcelona erreichten sie am 28. März. Doch Schafe fanden sie dort keine. Auch in Saragossa und Madrid konnte man ihnen nicht weiterhelfen. Am 23. April schließlich kamen der Kammerrat und sein Gefolge in Segovia an, wo alles auf die Ankunft der Herden wartete. Die Stadt war ein zentraler Logistikplatz für die Schafwirtschaft, jährlich wurde hier die Ernte eingefahren: Millionen von Schafen ließen hier ihre Wolle, bevor sie weiter zu den Sommerweiden im Gebirge getrieben wurden.

Ein spanischer Bankier vermittelte Wider Kontakte zu Herdenbesitzern, die bereit waren, gute Merinozuchttiere zu verkaufen. So kam schließlich der Handel über die dreißig Böcke und zehn Mutterschafe zustande. 18 Gulden zahlten die Schwaben pro Tier. Zu Meinungsverschiedenheiten kam es noch, als die Spanier darauf beharrten, dass die Schafe die Reise nur geschoren antreten dürften. Die Schwaben gaben nach, nahmen die Wolle aber mit, was die Reise nicht erleichterte. Am 19. Mai 1786 setzte sich der Zug aus vierzig Schafen, fünf Männern und der Kutsche in Bewegung, überquerte Anfang Juli die Pyrenäen. Unterwegs hatten die Schwaben Scharmützel mit feindseligen Bauern und Schmugglern zu bestehen. Ob Widers Pistolen zum Einsatz kamen, ist nicht überliefert. Gewittersturm und Hagel setzten ihnen zu. Vom Fieber geschüttelt erreichten sie Perpignan. Drei wertvolle Böcke waren bis dahin unterwegs an Erschöpfung eingegangen.

In Perpignan stießen Wider und die Seinen auf Clapier, der seinerseits 49 Widder und 21 Muttern gekauft hatte, Merinos

Revolution der Schafzucht: Mit dem Merinoschaf (oben) wurden die Landschafe (unten) veredelt.

zwar, aber bei Weitem nicht von der Qualität der spanischen Tiere. Die beiden kleinen Herden wurden zusammengeführt, doch blieb die Herkunft der einzelnen Tiere durch entsprechende Pechmarkierungen eindeutig.

Die auf rund hundert Köpfe angewachsene Herde trat am 11. Juli 1786 den weiten Heimweg über Narbonne, Montpellier, Nîmes, Chambéry, Genf, Bern und Schaffhausen an. Am 30. August erreichten sie die württembergische Landesgrenze. Wider war wegen seines bedenklichen Gesundheitszustandes mit der Kutsche vorausgefahren. Stängel und die beiden Schäfer mussten das Unternehmen alleine zu Ende bringen. Sie schlugen sich tapfer. Nur drei Schafe gingen noch verloren. In Schaffhausen besorgte Stängel den beiden ziemlich zerlumpten Schäfern neue Kleider. Und als der Zug über Hattingen, Tuttlingen, Balingen und Gomaringen schließlich am 10. September Münsingen auf der Alb erreichte, schrieb Stängel an den Herzog: »Euer herzoglichen Durchlaucht sollte ich in Untertänigkeit melden, dass ich heute Vormittag mit denen mir gnädigst anvertrauten Schafen allhier Gott sei Dank glücklich angekommen bin«. Die Anstrengung zahlte sich aus. Merinowolle aus Württemberg erzielte bald gute Preise. Nachhaltiger aber waren die Folgen dieser Expedition für die Schafzucht. Mit ihr begann die Geschichte des Merinolandschafs, die bis heute dauert.

Diese Schafsorte, entstanden aus der Einkreuzung von Merinos in die bodenständigen regionalen Landrassen, verkörpert den modernen Typus des Nutztieres Schaf. Fast könnte man von einer Epochenscheide sprechen, denn die Einkreuzung der Merinos veränderte die Schafhaltung in Europa grundlegend.

Jahrhundertelang war diese ein Zweig bäuerlicher Landwirtschaft gewesen, der vor allem der Selbstversorgung, der Nutzung armer, für den Ackerbau ungeeigneter Böden und der Düngung der Brachen gedient hatte. Mit den Merinos rückte die Wolle als industrieller Rohstoff ins Zentrum der Schafnutzung. Als in Literatur und Kunst die Schäferidylle in Mode kam, als europäische Kaiser und Könige sich unter dem Einfluss des Physiokratentums als »Landleute« inszenierten wie Georg III. von England, der sich als »Farmer George« feiern ließ, oder Joseph II. von Österreich, der persönlich hinter dem Pflug ging, überwand das Schaf alle ländlich-sittlichen Schranken und verband sich mit der Moderne.

Man hatte allerdings schon im mittelalterlichen und frühneuzeitlichen Europa die Erfahrung machen müssen, dass die Wolle der Schafe nicht nur wärmt, dass sich aus ihr nicht nur grobes oder feines Tuch weben lässt, sondern dass sie auch ein Stoff ist, der das gesellschaftliche Gewebe ganzer Länder zersetzen kann. Nicht nur in Spanien zerstörten die Schafherden des im Zuge der Reconquista zu Land und Macht gekommenen Adels die arabisch geprägte Ackerbaukultur und verhinderten ein Wiedereinsetzen bäuerlicher Landwirtschaft über Jahrhunderte. Auch in England kam das, was Karl Marx die »ursprüngliche Akkumulation« nannte, also die Vertreibung der Bauern von ihrem Land und ihre Umwandlung in eine »Masse vogelfreier Proletarier«, weithin auf Schafklauen daher. In Schüben vollzog sich dieser Prozess vom ausgehenden Mittelalter bis ins 19. Jahrhundert. Adelige Grundbesitzer wandelten Ackerland in Weideland um, weil mit Wolle der größte Ertrag erzielt werden konnte. Der Humanist Thomas Morus

Friedliche Koexistenz: Auf Jean-François Millets Schäferbild Schäfer mit Herde bei Sonnenuntergang *von 1860 weiden die Schafe auf einem abgeernteten Acker.*

sprach von »menschenfressenden Schafen« und meinte damit die rücksichtslose Auslöschung bäuerlicher Existenzen durch die Wollwirtschaft. Gewaltsam beendet wurden auch die bäuerlichen Rechte an Gemeindeland. Und die »feudalen Gefolgschaften« (Marx), die »überall nutzlos Haus und Hof füllten«, lösten sich auf. Ein Zeitgenosse Morus' aus dem 16. Jahrhundert klagte (ich zitiere nach Jacobeit): »Ja, diese Schafe sind an allem Unheil schuld, denn sie haben den Ackerbau aus dem

Lande getrieben, durch den früher Lebensmittel aller Art geliefert wurden, und jetzt gibt es nichts als Schafe, Schafe, Schafe! Es stand weit besser, als es nicht nur genug Schafe, sondern auch Ochsen, Kühe, Säue, Ferkel, Gänse und Kapaunen, Eier, Butter und Käse, ja, außerdem noch genug Brotkorn und Malzkorn gab, alles auf dem selben Gut gezogen. Und statt 100 oder 200 Personen, die davon ihr Auskommen hatten, sind es jetzt nur drei oder vier Schafhirten und der Herr allein, die davon leben«. Wie drei Jahrhunderte später die von der Proletarisierung bedrohten Handwerksgesellen als Maschinenstürmer gegen das Fabriksystem revoltierten, erhoben sich auch die Bauern gegen das, was sie für die Ursache ihres Elends hielten: die Schafe. Zehntausende von ihnen wurden bei Bauernaufständen geschlachtet. Es nützte alles nichts. »Der Raub der Kirchengüter, die fraudulente Veräußerung der Staatsdomänen, der Diebstahl des Gemeindeeigentums, die usurpatorische und mit rücksichtslosem Terrorismus vollzogene Verwandlung von feudalem und Claneigentum in modernes Privateigentum, es waren ebenso viele idyllische Methoden der ursprünglichen Akkumulation«, resümiert Marx. Und zu all diesen Grausamkeiten blökten in immer größerer Zahl die Schafe.

Im späten 18. und im 19. Jahrhundert nahm im schottischen Hochland die Vertreibung der meist gälischsprachigen Kleinbauern im Ergebnis die Form einer ethnischen Säuberung an. Ihre Bauernwirtschaften mussten der Schafweide weichen. Im günstigsten Fall erhielten die Vertriebenen Land an der Küste, wo sie durch Fischfang, der ihnen völlig fremd war, die kärglichen Ackererträge ergänzen sollten. Die meisten zogen direkt in die neuen Industriestädte oder ließen sich mit einem Platz in einem Auswandererschiff nach Australien oder Kanada abspeisen. Diese brutale Entvölkerung und ›Verschafung‹ eines ganzen Landes ist als *Highland Clearances* in die Geschichte eingegangen. Sie bildet den realhistorischen Untergrund der mit romantischen Mythen besetzten Landschaft des schottischen Hochlandes, deren ›Urtümlichkeit‹ Folge einer Verwüstung ist.

Auch in Deutschland brach der Konflikt zwischen der Schafhaltung adeliger Grundbesitzer und den Bauern immer wieder auf, weil der Adel dorfgenossenschaftliche Landrechte nicht respektierte und immer mehr Weideland beanspruchte. Allerdings dämpfte die deutsche Kleinstaaterei diesen Konflikt. Die Landesherren hatten ein großes Interesse daran, ihn nicht eskalieren zu lassen, weil ihre Fürstentümer ohne eine funktionierende Agrarwirtschaft nicht existenzfähig waren. Außerdem wollten sie selbst mit Schafen Geld verdienen und setzten dem Landadel deshalb Grenzen. Hier zeigt sich am Schaf eine Besonderheit des deutschen Absolutismus, der in seiner aufgeklärten Epoche zum Motor einer Modernisierung der Landwirtschaft wurde, indem er der Schafhaltung einen Platz zuwies, sie aber nicht zu einer zerstörerischen Form der Landnutzung durch Latifundienbesitzer werden ließ. Ein zentrales Kaisertum, auf das sich der Kleinadel der Ritter und Freiherren als Schutzmacht hätte berufen können, spielte machtpolitisch keine Rolle mehr. Der Fürstenstaat aber brauchte Untertanen. Er konnte es sich nicht leisten, sie wegen der Schafe zu vertreiben oder vertreiben zu lassen.

Ohne Misstrauen und hinhaltenden Widerstand begegneten auch in Deutschland die Bauern den agrarreformerischen Bemühungen ihrer Landesherren nicht. So wurden auch die spanischen Merinos, die nach monatelangem mühseligem Marsch endlich auf der Schwäbischen Alb ankamen, von schafhaltenden Bauern und ihren Gemeindeschäfern nicht gerade mit Begeisterung empfangen. Gerade die Schäfer, die ihr Selbstbewusstsein aus einem berufsständisch überlieferten Spezial- und Geheimwissen speisten, in dem neben Erfahrung der Aberglaube einen festen Platz hatte, waren auf die Fremdlinge nicht gut zu sprechen. Albrecht Thaer, der Begründer der modernen Agrarwissenschaft in Deutschland, klagte darüber, dass die Schäfer »voll von Vorurteilen« seien. Sie bestünden »auf den von ihnen eingeprägten Meinungen mit Hartnäckigkeit und mit dem gewöhnlichen Handwerkerstolze, wobei ihr Sinn gegen die augenscheinlichsten Wahrheiten verstockt« bleibe.

Die Landesherren erkannten, dass die Modernisierung der Schafzucht und das Projekt Merino ohne eine gründliche Ausbildung und Umschulung der Schäfer zum Scheitern verurteilt sein würde. So gründete man in Sachsen, in Bayern, in Preußen Schäferschulen. In Sachsen soll sogar spanisches Lehrpersonal herangezogen worden sein, um den Umgang mit den iberischen Schafen zu lehren. In der Markgrafschaft Ansbach nannte sich die Schäferschule »Schafverbesserungs-Pflanzschule«. Im preußischen Wriezen gab es die »Königliche Schäfer-Lehranstalt«. Auch Thaer gründete auf seinem Versuchsgut im brandenburgischen Möglin eine Ausbildungsstätte für Schäfer.

Für die Schäferei war diese Form der modernen Professionalisierung wahrlich eine Kulturrevolution. Das Bildungsniveau der Schäfer stieg. In den Akten eines märkischen Gutes wird im Jahr 1787 vermerkt, dass der Gutsschäfer für seine Abrechnungen nicht mehr das Kerbholz, sondern ein Eintragebuch verwende, er also des Schreibens mächtig sei. Und Wilhelm Grimm berichtete 1813 in einem Brief an seinen Freund Haxthausen von einem Schäfer, den »die Aufklärung durchfiltriert« und der versichert habe, an keinen Spuk mehr zu glauben. Es ist in der Geschichtsschreibung noch nicht hinreichend gewürdigt worden, welche Rolle ausgerechnet Spanien bei der Ausbreitung der Aufklärung in Europa spielte. Es exportierte nicht Ideen, sondern Schafe mit einer Wolle von sagenhafter Feinheit. Es war eine Aufklärung, die nicht in Salons und Elitenzirkeln stattfand, sondern das einfache Volk, Bauern und Schäfer, erfasste und ihnen im Umgang mit dem neuen Vieh auch neue und rationale Umgangsformen mit der Natur nahebrachte, die sie vom Obskurantismus hinwegführten. Ein Merinohaar ist 15 bis 25 Mikrometer dünn, 10 000 davon wachsen auf einem Quadratzentimeter Haut. Mit dem Vlies eines Schafes lassen sich 35 Kilometer Garn spinnen. Mit diesem Wunderstoff ist in Europa schon lange kein Geschäft mehr zu machen. Die Schäfer können froh sein, wenn der Verkauf der Wolle die Schurkosten deckt. Schäfer produzieren heute vor allem Lammfleisch und öffentliche Güter in Form von Landschaftspflege. Das sind die beiden Säulen ihrer ökonomischen Existenz. Die Schafe wurden züchterisch den neuen Bedingungen angepasst. Die beiden auf das spanische Merinoschaf zurückgehenden Rassen Merinolandschaf und Merinofleischschaf tragen zwar immer noch feine Wolle. Man hält an dieser Eigenschaft fest, weil ja nicht ausgeschlossen ist, dass sie irgendwann wieder einmal gefragt sein könnte. Vor allem haben es die Züchter aber auf den guten Fleischansatz der Lämmer und eine hohe Fruchtbarkeit der

Ein Schafscherer, *gemalt von Anton Mauve (1838–1888), bringt die Wollernte ein.*

Muttern abgesehen. Die Schafe sind schwerer und größer geworden. Die wenigsten müssen noch weite Märsche über Hunderte Kilometer hinter sich bringen. Vielleicht ist auch diese Anpassungsfähigkeit an neue Bedingungen und Bedürfnisse ein Merinoerbe.

Die meisten Merinos leben heute in Australien. 40 Millionen von insgesamt etwa 50 Millionen Schafen des Kontinents gehören dieser Rasse an. In Neuseeland dagegen dominiert bei den rund 30 Millionen Schafen der Doppelinsel die englische Romney-Rasse, die sowohl bei der Wolle – sie wird zwei Mal im Jahr geschoren - als auch beim Fleisch hohe Erträge bringt. Im globalen Geschäft mit Wolle und Schaffleisch stehen Australien und Neuseeland an der Spitze bei Produktion und Export. Auch China ist ein gewaltiges Schafland, importiert aber dazu noch große Mengen an Fleisch und Wolle. Und auch der Nahe und Mittlere Osten, die Wiege des Hausschafes, wird mit australischem und neuseeländischem Lamm- und Schaffleisch beliefert. Wo in Europa, etwa in Italien, die alte Tuchmachertradition noch lebendig ist, geht es nicht ohne Wollimporte von der Südhalbkugel. Mit der Merinozucht wurde das Schaf zum globalen Nutztier.

Schafe, Hunde, Wölfe

In den Standards unserer modernen Hunderassen taucht zuweilen der Begriff ›Arbeitshund‹ auf. Er verweist auf die Herkunft aus einer Zeit, in der die Tätigkeit der Hunde noch nicht zum allergrößten Teil aus Sozialarbeit, also darin bestand, einfach nur Lebenspartner eines Menschen zu sein. Daran ist nichts Verächtliches. Aber welchen Ernst, welche Tiefe und welche Harmonie die Beziehung zwischen Mensch und Hund gewinnen kann, das offenbart sich doch vor allem dort, wo sie tatsächlich miteinander arbeiten und gemeinsam eine Aufgabe lösen. Eine Schafherde zu hüten, ist so eine Aufgabe, die Mensch und Hund zu wahrhaft erstaunlicher Kooperation bringt. Dem Hundefreund, der an den manchmal bizarren Verirrungen der modernen Mensch-Hund-Beziehung leidet, sei empfohlen, einen Schäfer und seine Hunde aufzusuchen und sie beim Hüten der Schafe zu beobachten.

Die Hunde sind der Stolz der Schäfer. Die Kunst des Hütens mit Hütehunden macht das Einzigartige des Schäferhandwerks aus, während Tierzucht, Tiergesundheit, Futtergewinnung, Vermarktung und all diese Dinge, die den Arbeitstag eines Schäfers füllen, anderen Zweigen der Landwirtschaft mehr oder weniger entsprechen. Nach der Ausbildungsordnung sind Schäfer heute »Tierwirte, Fachrichtung Schaf«. Doch es gibt sie noch, die stolzen Schäfer, die ihre Freiheit lieben, ihre Traditionen hochhalten und all die Menschen bedauern, die nicht

Bei Hütewettbewerben tragen Schäfer ihre traditionelle Tracht.
Foto: Ralf Pätzold, 1986.

das Glück haben, den Tag mit Schafen und Hunden verbringen zu dürfen. Wenn sie ihren Berufsstand feiern wollen, dann messen sie sich im Schafehüten. Solche Hütewettbewerbe sind Festtage, an denen sie ihre Tracht anlegen, den breitkrempigen Filzhut, das Schäferhemd, die blank polierten schwarzen Schaftstiefel und die Schäferweste mit den 52 schimmernden Perlmuttknöpfen, für jede Woche im Jahr einen.

An einem sonnigen Septemberwochenende richtet die Arbeitsgemeinschaft zur Zucht Altdeutscher Hütehunde (AAH) im mecklenburgischen Lohmen ihr Bundesleistungshüten aus. Hier messen sich die Landessieger miteinander. Die AAH hat sich zum Ziel gesetzt, die verschiedenen deutschen Hütehundschläge, von denen manche vom Aussterben bedroht sind, zu erhalten. Von ›Rassen‹ sprechen die Anhänger der Altdeutschen bewusst nicht. Sie streben auch nicht an, dass die unterschiedlichen Typen dieser Hunde national und international als Rassen anerkannt und nach festen Standards gezüchtet werden. Von Schönheitszucht wollen sie ohnehin nichts wissen. Die Hunde müssen Schafe hüten können, wie sie aussehen, ist egal.

Doch sie sehen gut aus, diese altmodischen Hunde, aus denen Ende des 19. Jahrhunderts Max von Stephanitz den Deutschen Schäferhund formte, der zu einem Exportschlager wurde, in seinem ursprünglichen Beruf als Hütehund aber nur noch selten tätig ist. Ende der Achtzigerjahre, als die AAH entstand, begann man überall in der Landwirtschaft, sich gegen das Verschwinden alter, regionaltypischer und robuster Nutztierrassen, aber auch Obst- und Gemüsesorten zu stemmen. Das war einerseits eine Art kultureller Heimatschutz, andererseits aber auch eine züchterische Notwendigkeit, denn die Konzentration auf wenige Hochleistungsrassen und -sorten führt in eine genetische Verarmung. Dagegen bilden alte Rassen eine genetische Reserve für Eigenschaften wie Widerstandsfähigkeit, Genügsamkeit und Langlebigkeit, auf die in der Tierzucht zurückgegriffen werden kann. Dieser Rückbesinnung verdanken auch Gelbbacke, Mitteldeutscher Schwarzer, Süddeutscher Schwarzer, Fuchs, Strobel, Tiger, Stumper, Westerwälder Kuhhund oder Schafpudel das Überleben. Die in Mitteldeutschland gezüchteten Schläge – Gelbbacke, Schwarzer, Fuchs – sehen aus wie kleine langhaarige Schäferhunde. Die süddeutschen Schläge wie der Strobel sind etwas größer und haben Kipp- oder Hängeohren. Allen gemeinsam sind Schnelligkeit, Wendigkeit, Ausdauer und eben gewisse Grundinstinkte, die ein Hund zum Hüten braucht. Er muss eine Herde, woraus immer sie besteht, zusammenhalten wollen. Das nennt man Hütetrieb, und was es bedeutet, das hat schon mancher schafsferne Besitzer eines solchen Hundes schmerzhaft erfahren, wenn dieser mangels geeigneterer Objekte anfing, die Familie zu hüten.

In Lohmen warten 320 Schwarzköpfige Fleischschafe darauf, dass Schäfer und Hunde an ihnen ihre Künste zeigen. Sie gehören dem Gastgeber Schäfermeister Riko Nöller, der als mecklenburgischer Landessieger auch am Wettbewerb teilnimmt. Er stammt aus einer Schäferfamilie. Von seinen Schafen spricht er wie ein Winzer über seinen Wein. Zwar benutzt er nicht das Wort ›Terroir‹, aber er meint so etwas Ähnliches, wenn er sagt, dass die Schwarzköpfe besonders gut zum mecklenburgischen Boden passen. Frohwüchsig seien die Lämmer und wohlschmeckend. Er setzt sie in der Spitzengastronomie

Der Meister und sein Lehrling: Schäfer, heute ›Tierwirt Fachrichtung Schafe‹, ist ein anerkannter Ausbildungsberuf. Foto: Helmut Schaar, 1985.

ab. Seine Hütegehilfen sind der Haupthund Max und die Beihündin Biene, beide vom Schlag der Mitteldeutschen Schwarzen und ausgestattet mit einem kräftigen ›Keulengriff‹. Wenn sie sich bei den Schafen Respekt verschaffen oder ›die Nascher‹ von Raps am Wegesrand strafen wollen, dann kneifen sie sie in die Hinterkeule. Man unterscheidet Keulen-, Rippen- und Nackengriff. Jeder Hund darf aber nur einen Griff haben, und der muss vor dem Wettbewerbshüten angegeben werden.

Der Hüteparcours in Lohmen ist auf einem großen abgeernteten Rapsschlag angelegt. Es gibt überdachte Zuschauertribünen, im Festzelt spielt Country-Musik, am Spieß drehen sich Wild- und Hausschwein, im Topf schmurgelt Lammgulasch, die regionale Brauerei hat genügend Zapfstellen eingerichtet und an Verkaufsständen kann man sich mit all den Utensilien und Textilien eindecken, die man als aktiver Landmensch mit Bodenhaftung so braucht. Das Bundesleistungshüten ist auch ein Volksfest. Aber wenn der Schafspferch geöffnet wird, dann wird es Ernst. Riko Nöller hat die Startnummer 1 gezogen. Schon das Auspferchen verlangt das perfekte Zusammenspiel von Hunden und Schäfer. Ein Hund wird seitlich an der Zaunöffnung ›aufgestellt‹. Seine bloße Präsenz soll verhindern, dass die Schafe ausbrechen. Der andere bringt die Schafe in Bewegung. An die Spitze der Herde, die nun wie eine zähe Flüssigkeit aus dem Pferch quillt, setzt sich Nöller. Die Schäferschippe hochgereckt führt er die Herde gemächlichen Schrittes auf einem durch Furchen markierten Weg. Zweimal muss die Herde scharf nach rechts gewendet und dann über eine ›Brücke‹ geführt werden. Die Hunde passen am Brückengeländer auf, dass die Schafe nicht ausbrechen. Auf Zuruf und

Handzeichen nehmen sie ihren Stand ein. Nachdem sie die Brücke passiert hat, ergießt sich die Herde ins ›weite Gehüt‹. Sie soll sich verteilen und in Ruhe fressen. Das klappt nicht so ganz, weil die Schafe satt sind und unter der warmen Spätsommersonne die Köpfe gern in den Schatten ihrer Herdengenossen stecken. Die Hunde sollen Abstand halten und doch aufmerksam bleiben. Einer patrouilliert an einer Landstraße, den anderen hat der Schäfer an seiner Seite. Im ›engen Gehüt‹ kommt es dann darauf an, dass die Schafe nur auf einem wiederum durch Furchen markierten schmalen Landstreifen weiden. Jeder Versuch, jenseits dieser Grenzen zu naschen, wird von den Hunden geahndet. Auf dem Rückweg schließlich müssen die Hunde durch ›Wehren‹ Platz schaffen für ein entgegenkommendes Fahrzeug.

Wir sehen am Prüfungsparcours der Hütehunde, welche zentrale Rolle die ›Furche‹ in der mitteleuropäischen Schäferei spielt. Furchen markieren Grenzen. Der Hund muss ›in der Furche gehen‹. Der mit seiner Herde wandernde Schäfer hat sich an den Landmarken zu orientieren, welche der Ackerbau in der Landschaft setzt. In Regionen der Realteilung, wo der Landbesitz zu gleichen Teilen an die Nachkommen vererbt wird, muss er sich in einen Flickenteppich kleiner Flurstücke einfügen. Auf dem einen sollen seine Tiere ihren Dung hinterlassen, direkt daneben aber ist die frisch grünende Wintersaat tabu. Auf dem Weg vom einen zum anderen Weideplatz müssen die Schafe von den Verlockungen abgehalten werden, welche am Wegrand warten. Schäfer, Hund und Herde folgen beim Bewältigen dieser Aufgaben immer der gleichen Choreografie. Meistens setzt der Schäfer zwei Hunde ein, einen Haupthund, der weitgehend

Verstreut weiden die Schafe im Gebirge. Über sie wacht der Herdenschutzhund.

selbstständig die Herde zusammenhält und dirigiert und sich selbst vom Schäfer durch Ruf- und Sichtzeichen über große Entfernungen lenken und dirigieren lässt. Den Beihund hat der Schäfer bei sich an der Kette und setzt ihn bei Bedarf ein.

Über die Grundfiguren dieser Choreografie schreiben Hans Chifflard und Herbert Sehner in ihrem Standardwerk *Die Ausbildung von Hütehunden:* »Das Halten der Furche, das Wehren und das Wechseln vor der Herde sind grundsätzliche Voraussetzungen für die Arbeit eines Hütehundes und entscheidende Elemente der Hütetechnik.« Das Kommando für das Furchegehen heißt ›Furche‹ oder ›Halt die Furche‹ oder ›Nimm Furche‹. Der Hund muss in der Furche bzw. auf der Grenze die Herde begleiten, indem er zwischen der Spitze und dem Ende hin- und herpendelt. Er hat also die Funktion eines lebenden Zauns. Drei bis acht Wochen dauert es, bis ein junger Hund diese Aufgabe beherrscht.

Der Schäfermeister Riko Nöller ist stolz auf seine Altdeutschen Hütehunde. Sie verkörpern für ihn die lange Tradition seines Handwerks und tragen wesentlich zur Perfektion des Systems Herde – Hütehund – Schäfer bei, in das sich die mitteleuropäische Agrargeschichte eingeschrieben hat. Andere Hunde erzählen andere Geschichten. Doch diese Geschichten vermischen sich als Folge sich verändernder Landnutzung mehr und mehr. Von Border Collies hält Nöller nicht viel. Das seien reine Koppelhunde, nichts für echte Schäfer. Trotzdem sieht man diese eifrigen Hunde aus dem englisch-schottischen Grenzland auch auf dem Kontinent immer öfter bei der Arbeit mit Schafen. Sie folgen einer anderen Choreografie. Das Furchegehen ist nicht ihre Sache. In ihrer Heimat müssen sie die auf den Weiden des Hochlands sich selbst überlassenen Schafe einsammeln und zusammentreiben. Dabei bewegen sie sich katzenartig geduckt und fixieren die Schafe mit ihrem Blick. Das ›Auge‹ (*eye*) ist ein wichtiges Leistungsmerkmal bei Border Collies. Es ersetzt den ›Griff‹ ihrer mitteleuropäischen Vettern, was nicht heißt, dass Collies Schafe nicht beißen. Aber ihr wichtigstes Mittel, Schafe unter ihre Kontrolle zu bringen, ist eben der strenge Blick, das ›Auge‹. Ihre Wendigkeit, ihr ausgeprägter ›will to please‹, das, was man ›Führigkeit‹ nennt, machen diese Hunde zu idealen Helfern in Hof und Stall. Die Entwicklung in Richtung mehr oder weniger stationärer Schafhaltung kommt dem Border Collie zugute. Aber auch als Familienhund und im Hundesport findet er immer mehr Freunde. Sein wahres Wesen allerdings offenbart sich an den Schafen. An seinem Hütestil lässt sich besonders gut ablesen, dass die Aktionen eines Hütehundes aus dem Jagdverhalten des Wolfes abgeleitet sind. Ein Border Collie beobachtet Schafe geduldig, pirscht sich an sie heran, sucht sich sein Angriffsziel und jagt es in unvermitteltem Sprint. Nur der Tötungsbiss ist aus dieser Verhaltenssequenz herausgeschnitten. Der Helfer des Schäfers ist ein Jäger geblieben, und zwar einer von vibrierender Leidenschaft.

150 Jahre lang funktionierte in Mittel- und Westeuropa das System Schaf – Schäfer – Hütehund störungsfrei. So lange nämlich, seit der Mitte des 19. Jahrhunderts, war der Wolf aus der Landschaft nahezu verschwunden. Nur einzelne Wanderwölfe riefen hier und da die Erinnerung an jene längst vergangenen Zeiten wach, in denen Wölfe für die Landbevölkerung eine existenzielle Bedrohung waren. Der Verlust einer Ziege, eines Milchschafes, eines Kalbes konnte unter den Bedingungen ländlicher Armut Hunger und Not bedeuten. Nun kehren die Wölfe mit Macht in ihre alten Verbreitungsgebiete zurück. In Deutschland zog im Jahr 2000 ein Wolfspaar in der Oberlausitz auf dem Truppenübungsplatz Muskauer Heide zum ersten Mal wieder Welpen auf. Die mitteleuropäische Wolfspopulation wächst beständig. In Deutschland zählt man 2016 mehr als 40 Wolfsrudel, also Familien, die aus dem Elternpaar, seinen Welpen und einigen Jungtieren aus dem Vorjahr bestehen. Zwar liegt ihr Verbreitungsgebiet vor allem im Osten und Nordosten, doch auch in Süd- und Westdeutschland macht sich der

Wolf immer öfter bemerkbar. Wo er auftaucht, verändert er die Bühne der Schäferei grundlegend. 2020 fielen in Deutschland rund 4000 Weidetiere Wölfen zum Opfer, vor allem Schafe und Ziegen aber auch Kälber und Gatterwild sowie vereinzelt Fohlen und Ponys. Das ist eine bedrückende Zahl. In den meisten Fällen ist unzureichender Herdenschutz der Grund für die Schäden. Weidetierhalter müssen aber immer und überall mit Wolfsübergriffen rechnen.

Dass die Rückkehr der Wölfe eine Zeitenwende für die Schäferei bedeutet, merkte man in der Lausitz sehr bald. Zunächst beschränkte das neue Rudel deutscher Wölfe seine Aktivitäten weitgehend auf den Truppenübungsplatz. Doch als die Zeit für das Abwandern der Jungtiere kam, musste es unausweichlich zum Zusammentreffen von Wolf und Schaf kommen. Folgen wir den Muskauer Jungwölfen, einer Fähe und drei Rüden, durch eine Aprilnacht. Sie haben noch nicht viel Jagderfahrung und nähren sich mühsam von Aas, das sie unterwegs finden, vor allem am Straßenrand. Manchmal haben sie Glück und finden ein totes Reh. Doch meist müssen sie sich mit plattgefahrenen Igeln, Füchsen oder Mardern begnügen. In dieser Nacht jedoch steigt ihnen in der Nähe des Dorfes Mühlrose ein erregender Geruch in die Nasen, fremd und verlockend zugleich. Sie bleiben misstrauisch. Zögernd bewegen sie sich auf den Waldrand zu. Auf der direkt angrenzenden Koppel liegen friedlich wiederkäuend die Schafe. Ein rotes Drahtgeflecht irritiert die Wölfe sehr. Sie weichen zurück und folgen erst einmal der frischen Witterung von Wildschweinfährten. So kommen sie zu der Stelle, an der die Schwarzkittel den Zaun angehoben haben. Der Weg zu den Schafen ist frei.

Die Wölfin packt als Erste zu, springt einem Schaf an die Kehle, zieht es nieder, hält es fest, bis das Leben aus ihm gewichen ist. Ihre Brüder tun es ihr nach. Die Schafe rudeln sich zusammen. Eigentlich wollen die Wölfe von ihrer dampfenden Beute fressen. Doch vor ihren Augen ballt sich verzweifelt blökend noch viel mehr Beute zusammen. Sie können nicht anders und packen immer wieder zu. Die meisten der 15 Kadaver zeigen nur den typischen Drosselbiss. Von »Blutrausch« war danach in den Zeitungen die Rede. Doch die Wölfe waren nicht berauscht, sie folgten nur ihrem Instinkt. Sie kamen wieder und töteten noch einmal so viele Schafe.

Für Schäfer Frank Neumann aus Rohne, den Besitzer der Herde, bedeutete der Wolfsangriff dieser Nacht das Ende seiner bisherigen Berufsroutine. Er wusste nach den Wolfsangriffen nicht, wie es weitergehen sollte. Doch er traf eine wichtige Entscheidung. Er beschloss, die neue – und ganz alte – Herausforderung, die Wölfe für Schäfer bedeuten, anzunehmen und sich auf die dauerhafte Präsenz von Wölfen einzustellen. Neumann hatte das Schäferhandwerk erlernt, wie es in Mitteleuropa üblich ist. Er hütete seine Herden mit Hütehunden, oder er koppelte sie ein. Herdenschutz gegen große Beutegreifer wie Wolf, Luchs oder Bär war nicht nötig. Nun wurde Neumann zum Protagonisten einer Kulturrevolution in der Schäferei. So kann man den Einsatz von Herdenschutzhunden in einem Gebiet, in dem diese uralte Kulturtechnik seit Generationen ausgestorben ist, durchaus bezeichnen. Schäfer Neumann wurde der Herdenschutzhundpionier der Lausitz. Er begann mit der Zucht von Pyrenäenberghunden, einer französischen Rasse, die ihm von Schweizer Herdenschutzspezialisten empfohlen wurde.

Dem Hund vertrauen auf Giuseppe Palizzis Gemälde Schäfer und Schafe. Schäfer mit Herde, *vor 1888.*

Beim Umgang mit den zottigen Herdenschutzhunden, die im Erscheinungsbild ihren Schutzbefohlenen ähneln, musste er erst einmal alles vergessen, was ihm beim Umgang mit Hunden bisher selbstverständlich war. Es kommt hier nicht auf die Kooperation von Schäfer und Hund an, sondern gerade auf eine gewisse Distanz. Die Hunde sollen zwar so weit an den Menschen gewöhnt werden, dass sie sich ins Auto verfrachten oder vom Tierarzt behandeln lassen. Ihre ersten ›Bezugspersonen‹ müssen jedoch die Schafe sein. Sie wachsen in der Schafherde auf und sollen sie verteidigen. Deshalb bleiben sie rund um die Uhr in der Herde. Von den Schafen werden sie nach einer Eingewöhnungszeit als ›Artgenossen‹ akzeptiert. Bellend markieren Herdenschutzhunde für jeden, der sich der Herde nähert, ihr Territorium. Das genügt meistens, um tierische oder auch menschliche Eindringlinge abzuschrecken. Herdenschutzhunde sind keine Kampfmaschinen. Doch wer ihre Warnungen ignoriert, muss mit einem Angriff rechnen. Das ist für viele befremdlich in einer Kultur, die den Hund eigentlich nur als ganz und gar friedfertiges Familienmitglied akzeptiert.

Naturschützer behaupten gern, mit Herdenschutzhunden und Elektrozäunen lasse sich überall eine erträgliche Koexistenz von Wolf und Schäferei erreichen. In vielen Gegenden ist das auch tatsächlich möglich, wenn die Gesellschaft bereit ist, den Schäfern die zusätzlichen Kosten zu ersetzen. Wenn Wölfe neue Territorien besetzen, kommt es oft zu erheblichen Schäden an Weidetieren, weil die Halter sich noch nicht auf die neue Situation eingestellt haben. Sobald die Herdenschutzmaßnahmen greifen, gehen die Schäden sofort zurück. Doch gibt es auch Landschafts- und Schafhaltungsformen, für die noch keine überzeugende Methode des Herdenschutzes gefunden ist. An der Küste beweiden Schafherden Deichabschnitte von vielen Kilometern Länge. Bei solchen linearen Strukturen kommen weder Zäune noch Herdenschutzhunde infrage, zumal an den Deichen meist auch touristisch genutzte Rad- und Fußwege verlaufen. Völlig undenkbar ist es nicht, dass Wölfe im Wattenmeer auftauchen, so hat sich zum Beispiel auch ein Rudel in der Nähe von Cuxhaven etabliert.

Die andere Problemzone ist das Hochgebirge. In den Gebieten der Almwirtschaft sind die Aussichten ziemlich gering, dass in absehbarer Zeit eine friedliche Koexistenz zwischen Schafhaltern und Wölfen gelingt. Die Almbauern betrachten die Rückkehr des Wolfes als Bedrohung ihrer Traditionen. Und die Tradition der Almwirtschaft ist für das bayerische Lebensgefühl ebenso wichtig wie für den Tourismus.

Aber sie ist auch unter Naturschutzgesichtspunkten von hohem Wert, weil die Beweidung einen Lebensraum mit besonders hoher Artenvielfalt schafft. Die Schafe sind das Salz in der Suppe der extensiven Almwirtschaft. Sie grasen auch dort, wo die Kühe nicht mehr hingelangen. Es gibt keine großen Schafherden in den Bayerischen Alpen. Die Tiere verteilen sich in kleinen Gruppen und weiden frei. Sie werden nicht gehütet. Ein einziger Wolf kann diese Form der Schafhaltung zunichte machen. Unter den Schafbesitzern sind viele Nebenerwerbslandwirte. Sie halten sich ein paar Schafe und treiben sie auf die Alm, damit die Weiderechte, die in den Familien von Generation zu Generation vererbt werden, nicht verfallen. Man sieht, hier sind die mit der Schafhaltung verbundenen Gemütswerte in besonderer Weise im Spiel.

Ist der Krieg gegen die Wölfe unvermeidlich, wenn die extensive Weidewirtschaft in den europäischen Hochgebirgen eine Zukunft haben soll? Zu einem wirklichen Frieden wird es nicht kommen. Das liegt in der Natur der Sache. Aber es lohnt sich doch, sich daran zu erinnern, dass in langen Jahrhunderten vor der Ausrottung des Wolfes auch in den Alpen Schafe auf den Hochweiden grasten, so wie es heute noch in den Pyrenäen oder den Karpaten der Fall ist, wo der Wolf immer anwesend war und es noch ist. Man muss nur wieder zusammenführen, was zusammengehört. Nicht nur Schafe und Hunde, sondern auch die Hirten. Ohne Hirten geht es nicht. Wo der Wolf unterwegs ist, hat es keinen Sinn, Schafe im Juni auf die Alm zu bringen, sie sich selbst zu überlassen und im September wieder ins Tal zu holen. Sie müssen gehütet werden. David Gerke, Biologe, Schafhirt und Präsident der »Gruppe Wolf Schweiz«, wirbt unermüdlich für die Renaissance des Hirtentums. Die sogenannte freie Sömmerung sei keine alte bewahrenswerte Tradition, sagt er. Die ökologische Wirkung der Schafbeweidung auf die Artenvielfalt der Bergwiesen könne durch geordnete Weideführung optimiert werden. So wäre also der Wolf ein guter Grund, die Kultur der Schafhaltung zu verbessern.

Der Wolf reißt Schafe, Schäfer und Hunde in ein fast tumultuarisches Geschehen. Er zerreißt die Illusion arkadischer Zeitlosigkeit, der man sich beim Blick auf weidende Schafe so gern hingibt. Und er hat es mit seinem entschiedenen Auftreten geschafft, dass der Schäferei in einem Maße öffentliche Aufmerksamkeit zuteil wird, wie sie es bis dahin nicht kannte. Die meisten Schäfer sagen, sie bräuchten den Wolf nicht. Aber seit der Wolf wieder da ist, machen sich sehr viele Menschen Gedanken darüber, was Schäfer brauchen und wozu sie gebraucht werden.

Mit Schafen klug werden

Alfred Brehm, aus dessen *Thierleben* Generationen von Deutschen ihre zoologische Bildung bezogen, war kein Freund des Schafs, zumal des Hausschafs, an dem, so schreibt er, mehr als an anderen Haustieren zu sehen sei, »wie die Sklaverei entartet« (er gebraucht das Verb in transitiver Bedeutung). Das zahme Schaf sei »nur noch ein Schatten von dem wilden«. Die dem Schaf sonst sehr ähnliche Ziege bewahre sich in gewissem Grade auch in der »Gefangenschaft« ihre Selbstständigkeit, »das Schaf wird im Dienste des Menschen ein willenloser Knecht«. Brehms charakterologisches Resümee über das Schaf ist vernichtend. Wer mit *Brehms Tierleben* anfängt, will nach den folgenden verbalen Keulenschlägen auf die armen Schafe eigentlich nichts weiter mehr wissen, die mehrtausendjährige Kulturgeschichte des Opfers hat hier ganze Arbeit geleistet: »Das Hausschaf ist ein ruhiges, geduldiges, sanftmütiges, einfältiges, knechtisches, willenloses, furchtsames und feiges, mit einem Wort ein höchst langweiliges Geschöpf. Besondere Eigenschaften vermag man ihm kaum zuzusprechen; einen Charakter hat es nicht. Nur während der Brunstzeit zeigt es sich andern Wiederkäuern entfernt ähnlich, entfaltet dann wenigstens einige Züge des Wesens, die ihm die Teilnahme des Menschen erwerben können. Im übrigen bekundet das Schaf eine geistige Beschränktheit, wie sie bei keinem Haustier weiter vorkommt. Es begreift und lernt nichts, weiß sich deshalb

Es grüßt der Stammvater aus wilden Klüften: Mufflon aus Brehms Tierleben.

auch allein nicht zu helfen. Nähme es der eigennützige Mensch nicht unter seinen ganz besonderen Schutz, es würde in kürzester Zeit aufhören zu sein. Seine Furchtsamkeit ist lächerlich, seine Feigheit erbärmlich.«

Sowenig zum Verständnis von Märchen die Frage beiträgt, ob sie ›wahr‹ sind, so wenig ist die Qualität von *Brehms Thierleben* daran zu messen, ob seine Schilderungen dem zoologischem Wissensstand entsprechen. Er betrieb eine Zoologie ohne naturwissenschaftliche Fachtermini – bis auf lateinische Bezeichnungen der Systematik. Heute würde man seine Betrachtungsweise ›anthropomorph‹ nennen. Er schrieb Tieren ohne Bedenken menschliche Eigenschaften zu. Oder er nutzte Deutungsmuster menschlichen Verhaltens, um tierisches zu beschreiben, allerdings in einer Farbigkeit und Lebendigkeit, die ihm so schnell keiner nachmacht. Berühmt ist sein Charakterbild des Maulwurfs, den er als »blutdürstig, grausam und rachsüchtig« bezeichnet. Über den Hirsch merkte Brehm verächtlich an, er sei »nach neuerem Dafürhalten weder gescheiter noch liebenswürdiger als andere wild lebende Wiederkäuer« und zu einem »ernstern Nachdenken über seine Handlungen« nicht fähig.

Der ›Tiervater‹ Brehm war also nicht zimperlich in seinen Urteilen über unsere tierischen Mitgeschöpfe. Seinen Sympathien und Antipathien ließ er freien Lauf. Aber der kaltblütige Rufmord, den er an den Schafen begeht, der fällt dann doch, so kommt es einem jedenfalls vor, aus dem Rahmen. Seine Tirade gipfelt in dem Verdikt, das Schaf sei ein »höchst langweiliges Geschöpf«. Und dazu sei es geworden, weil es sich als »willenloser Knecht« ganz und gar in die Abhängigkeit vom Menschen füge. Es wäre interessant, der Frage nachzugehen, was den thüringischen Pastorensohn dazu getrieben hat, mit den Schafen, die ja zur lebensweltlichen Grundausstattung seiner dörflichen Herkunft gehörten, derart abzurechnen. Indem man die Frage stellt, ahnt man schon eine mögliche Antwort. Brehm haut das Schaf und meint eben jene provinzielle Welt, aus der er als junger Mann ausbrach als Sekretär eines adeligen Forschungsreisenden am Nil, als Zoodirektor in Hamburg, als Gründer des Berliner Aquariums Unter den Linden, als gefeierter Autor und Vortragsreisender. 1829 geboren, erlebte er, wie Deutschland sich aus seiner vormodernen Verpuppung löste und mühsam Anschluss an die industrielle und politische Moderne suchte. Als er 1884 starb, schickte sich das Deutsche Reich an, seinen ›Platz an der Sonne‹ mit Kolonien in Afrika und in der Südsee zu behaupten. Auch wenn er immer wieder in sein Vaterhaus in Renthendorf zurückkehrte, so war Brehm doch vor allem Zeuge und Zeitgenosse und auch Akteur einer großen Umwälzung, einer durchgreifenden Modernisierung. Brehm nutzte die Chancen, die dieser Aufbruch ihm bot. Mit Schafsgeduld und Fügsamkeit wäre ihm das nicht gelungen. Als bildungsbürgerliches Gewächs des deutschen evangelischen Pfarrhauses mag er zwar auch unter den typischen Modernisierungsschmerzen gelitten haben. Doch daran, dass die Grundrichtung ›Fortschritt‹ heiße, hegte er keinen Zweifel. Die Optik, in der sich das Schaf als bukolisches Versprechen nicht entfremdeten Daseins verklärt, stand ihm einfach nicht zur Verfügung. Ein Leben als Schäfer wäre das Letzte gewesen, was er erstrebte.

Brehms Zeit hatte sich dem bürgerlichen Leistungsethos verschrieben. Die frivolen Geschichten der Schäferromane und Schäferspiele verstaubten in adeligen Bibliotheken. Das 19. Jahrhundert, zumal das protestantische in den Stammlanden der Reformation, hatte keinen Sinn für die erotischen Reize schöner Schäferinnen und noch weniger für die losen Sitten, die man den Schäfern zuschrieb, weil sie ihre Arbeit allein und außerhalb direkter sozialer Kontrolle verrichteten. Da war, auch das wurde seit jeher geraunt, das Unaussprechliche möglich. Der erotischen Leidenschaft für das Schaf hat Woody Allen eine Episode seines Films *Was Sie schon immer über Sex wissen wollten und nie zu fragen wagten* gewidmet. Er holt das Schäferspiel aus der historischen Versenkung und platziert es in die Weltmetropole New York, wohin es den armenischen Schäfer Milos Stavros verschlagen hat. Er ist unglücklich verliebt und sucht Rat beim New Yorker Seelenarzt Doug Ross. Das Objekt seiner Sehnsucht ist nicht eine schöne Schäferin, sondern das Schaf Daisy, dessen unwiderstehlicher erotischer Ausstrahlung schließlich auch der Arzt erliegt. Woody Allens Genialität verdanken wir ein eigentlich undenkbares Zusammentreffen: Ein Hirte aus dem Kaukasus und ein New Yorker Arzt begegnen sich in der Liebe zu einem Schaf. Das ist nicht nur eine Zoophiliekomödie, sondern auch ein vielfach gebrochener Blick in den Spiegel unserer kulturellen Herkunft.

150 Jahre nach Brehm und am Ende des industriellen Zeitalters, dessen Beginn er erlebte, lassen sich aus dem Schäferleben wieder Bestseller machen. James Rebanks, Schäfer aus dem nordenglischen Lake District, hat das mit *Mein Leben als Schäfer* gerade vorgemacht. Er hat ein kluges Buch über Schafe, über Heimat, über Landwirtschaft, über Familie und über Globalisierung geschrieben. Rebanks ist kein ›Aussteiger‹. Nein, er

ging weg aus seinem Dorf, um in Oxford zu studieren. Danach aber kehrte er wieder zurück und übernahm die Schäferei, die schon seit Generationen von seiner Familie geführt wird. Gleichzeitig arbeitet er als Berater für die Unesco und kommt viel in der Welt herum. Aber das Wichtigste bleiben doch die Schafe. Er berichtet realistisch und mit Sachverstand über die Arbeit mit ihnen. Das von ihm geschilderte Landleben hat mit den städtischen Projektionen, die diesen Begriff gemeinhin füllen, wenig zu tun. Wahrscheinlich ist diese Authentizität der Grund für den überwältigenden Erfolg Rebanks' beim städtischen Lesepublikum, das es offenbar leid ist, ständig mit aufgehübschter Landlust-Konfektion abgefüttert zu werden. Wenn Rebanks einmal verfilmt werden sollte, dann müsste das ohne Barbour-Jacken und Landrover gehen. Gerade weil Rebanks keine Widrigkeit der Landbewirtschaftung mit Schafen auslässt, kann er das Glück, das in dieser Lebensform steckt, begreiflich machen. Aus der Verantwortung für die Herde erwächst ein unerschütterlicher Lebenssinn. Am Schluss seines Buches erlaubt sich Rebanks eine kleine Apotheose seines Schäferdaseins, eine Verklärung, bei der das Augenzwinkern vielleicht auch nur von der Sonne kommt. Er hat mit seinen Hütehunden Floss und Tan die Schafe auf die Bergweide getrieben, die Arbeit ist getan: »Dann lege ich mich auf den Rücken und schaue den Wolken zu, die über mir vorüberziehen. Floss legt sich zum Abkühlen in den Bach, Tan stupst mich in die Seite, weil er mich noch nie so hat faulenzen sehen. Er hat nie erlebt, dass ich mich einfach ins Gras lege. Er hat noch nie den Sommer erlebt. Ich atme die kühle Bergluft ein. Und sehe zu, wie ein Flugzeug einen Kreidestrich über den blauen Himmel

Verheißungsvoll entblößt sie den Arm. Die Junge Schäferin *(1868) von William-Adolphe Bouguereau ist eine Heilige, die es erotisch knistern lässt.*

zieht. Die Mutterschafe rufen nach den Lämmern, die ihnen folgen, als sie immer höher in die Felsen steigen. Das ist mein Leben. Ich will kein anderes.«

Rebanks fliegen die Sympathien des Publikums zu, weil er als Schäfer und Weltbürger ein Zukunftsversprechen verkörpert. Es gibt im Zeitalter der Globalisierung auch eine Migration zurück, dorthin, wo seit Menschengedenken Schafe blöken. Gedanklich machen diese Sehnsuchtsreise viele. Dass sie auch eine reale Option sein kann, das ist das überaus Erstaunliche, ja, auch Beunruhigende an Rebanks' Geschichte, die der immer noch als cool geltenden Pose eines abgebrühten Globalisierungsrealismus – der Weltmarkt wird's schon richten – gehörig in die Parade fährt. Nicht jeder, das ist klar, kann seine durchdigitalisierte Angestelltenexistenz im Großraumbüro gegen ein Schäferleben in malerischer Berglandschaft eintauschen. Aber darum geht es auch nicht. Romantischen Fluchten soll hier nicht das Wort geredet werden. Im Gegenteil: Wir sollten uns um einen neuen Realismus im Blick auf unsere Landschaften und unsere Landwirtschaft bemühen und unser Analphabetentum in Sachen Urproduktion überwinden. Das Schaf ist dafür der beste Lehrmeister. Es steht nicht in großen Tierfabriken. Es hat sich fabrikmäßiger Nutzung bis heute entzogen, auch wenn seine Wolle ein Treibstoff der Industrialisierung war. Dabei kam ihm zugute, dass, anders als etwa bei Schwein, Rind oder Huhn, bei ihm durch Intensivierung keine erheblichen Ertragssteigerungen zu erzielen sind. Es wäre widersinnig, genügsame Schafe mit Kraftfutter in Ställen zu mästen. So ist das Schaf ein Weidetier geblieben und deshalb in seinem Dasein elementar verbunden mit dem Wechsel der Jahreszeiten und den Vegetationszyklen. Und deshalb vermittelt der Umgang mit Schafen auch elementares Wissen über das Land und seine Nutzung und damit über die stofflichen Grundlagen unseres Daseins.

Die europäische Landwirtschaft steckt in einer Dauerkrise. Überall kämpfen Landwirte um ihre Existenz. Bauern, die selbstverantwortlich ihr Land bewirtschaften und nicht zu Franchise-Partnern großer Agrarkonzerne werden, sterben aus. Eine Kultur, ein Lebenskonzept verschwindet. Familientraditionen brechen ab. Während dieses Büchlein geschrieben wurde, veranstaltete der Markt gerade ein Massaker an den Milchbauern. In großen Supermärkten wird ihr Produkt für weniger als einen halben Euro pro Liter verramscht. Soll man dem als ›Verbraucher‹ mit Schafsgeduld und Duldsamkeit einfach zuschauen? Soll man es hinnehmen, wie unsere Landschaften als Produktionsstandorte der Agrarindustrie zugerichtet werden? Es ist Zeit für eine grundlegende Agrarwende. Sie findet auch schon statt. Man kann das nicht nur daran ablesen, dass der biologische Landbau seit Jahren wächst und jedenfalls in den Großstädten überall Biosupermärkte öffnen. Der bewusste Konsum, der auf ökologische und soziale Standards in der landwirtschaftlichen Produktion achtet, gehört fest zum Lebensstil der urbanen Mittelschicht. Aber es wächst darüber hinaus auch die Bereitschaft, über neue Formen der Landwirtschaft nachzudenken und mit ihnen zu experimentieren. Als *urban farming* und *urban gardening* kehrt die Landwirtschaft wieder in die Städte zurück, aus denen sie erst vor gar nicht so langer Zeit, in der ersten Hälfte des vorigen Jahrhunderts, verschwunden war. Der aufgeklärte Städter versteht

Schafe im Stall. *Die Tiere sind zur Ruhe gekommen. Der Betrachter des Bildes von Charles Émile Jacque (1813–1894) kann es ebenso halten.*

sich heute nicht mehr als derjenige, der endlich die Ackererde von den Schuhen geschüttelt und die ›Idiotie des Landlebens‹ hinter sich gelassen hat. Er sucht eher nach bäuerlichen Wurzeln und nach Bildern eines neuen Bauerntums fern aller antimodernen Blut-und-Boden-Ideologie. Er gibt Oswald Spengler, der vom Bauern als »ewigem Menschen« sprach, nur insofern recht, als er verstanden hat, dass die Landbewirtschaftung zum Menschsein dazugehört und nur unter verheerenden kulturellen Verlusten in einen agrarindustriellen Komplex abgespalten werden kann.

Weil ihm die Tomaten auf dem Balkon mit der Zeit nicht mehr genug sind, weil er auch im Schrebergarten seinen Drang zur Landwirtschaft nicht ganz befriedigen kann, abonniert der aufgeklärte Städter die Zeitschrift *Schafzucht* und lernt bei der Lektüre eine Menge nützlicher Dinge. Er gewinnt eine Vorstellung von der Vielfältigkeit und Komplexität des Schäferberufs und eine Ahnung davon, dass das Hüten einer Herde eine elementare Kulturtechnik ist, mit der Menschen seit Jahrtausenden in unmittelbarer Beziehung zum Tier, zur Landschaft und zum Klima stehen. Nun kann es durchaus sein, dass der aufgeklärte Städter den Wunsch verspürt, sich dieses alte Hirtenwissen auch praktisch anzueignen und Erfahrungen mit Schafen zu sammeln. Vielleicht sucht er nach Gleichgesinnten. Warum soll genossenschaftliche Schäferei mit viel Eigenarbeit der Genossen nicht eine Facette der aufblühenden Stadtlandwirtschaft sein oder auch eine Überlebensstrategie für traditionelle Schäfereien? Der Wolf, der große Beschleuniger, bringt auch hier einiges in Bewegung. Unter *www.wikiwolves.org* stellt sich im Internet eine Initiative zur Unterstützung der Schäfer im Herdenschutz vor. Freiwillige erhalten eine Grundausbildung im Umgang mit Schafen, vor allem aber im Bau von wolfssicheren Zäunen und können von bedrängten Schäfern angefordert werden. Till Backhaus, Landwirtschaftsminister in Mecklenburg-Vorpommern, ist voll des Lobes darüber, dass sich die Gesellschaft der Nöte der Schäfer annehme. Ihr Vorbild findet die Initiative in der Schweiz, wo der Verein Hirtenhilfe schon seit Jahren dafür kämpft, die traditionelle Alpwirtschaft auch in den Zeiten der Rückkehr der Wölfe zu bewahren. ›Hirtenhilfe‹, das ist ein schönes Wort. Es zeigt einen Weg, den man mit Schafen gehen kann. Etwas Uraltes muss neu begründet werden. Mit ein wenig Pathos ließe sich sagen, dass wir einen Gesellschaftsvertrag über nachhaltige Landnutzung im Allgemeinen und extensive Weidewirtschaft im Besonderen brauchen. Folgen wir also den Wegen der Schafe mit Neugier und mit Zuversicht.

Portraits

Hausschafe kommen rund um den Erdball in allen Klimazonen vor. Der Verzehr ihres Fleisches unterliegt keinem religiösen Tabu. Außer dem Fleisch liefern sie Wolle und Milch und gestalten als Weidetiere die Landschaft. Und ohne Schafsdärme gäbe es weder Nürnberger Bratwürste, denen sie die Hülle geben, noch die Berliner Philharmoniker, deren Geigen mit ihnen bespannt sind. Schafe erbringen auch dort noch Ertrag, wo andere Nutztiere nicht mehr rentabel gehalten werden können, und ermöglichen so bescheidene Formen der Subsistenzwirtschaft, die in der globalen Ernährung eine viel größere Rolle spielen als Agrarweltmärkte und internationale Konzerne. Schafe tragen also wesentlich zur Grundversorgung aller menschlichen Zivilisation bei.

Ihre Anpassungsfähigkeit an die unterschiedlichsten und oft äußerst kargen Lebensbedingungen hat eine Vielzahl an lokalen und regionalen Rassen und Schlägen hervorgebracht. Der Nutztierforscher Hans Hinrich Sambraus schätzt, dass es etwa 500 bis 600 Schafrassen auf der Welt gibt. Präzisere Angaben kann man da wohl nicht machen, denn die Abgrenzung der Rassen gegeneinander erweist sich oft als schwierig. Die deutsche Rasse Schwarzköpfiges Fleischschaf etwa findet mehrere Entsprechungen in Großbritannien. Von Land zu Land unterschiedliche Rassenamen meinen oft denselben Schaftyp. Trotzdem haben sich bei den Schafen bodenständige Formen in höherem Maße erhalten, als das etwa bei Rindern und Schweinen der Fall ist. Das hängt damit zusammen, dass Schafe auch heute noch überwiegend so extensiv gehalten werden wie kein anderes Nutztier. Stallhaltung mit Kraftfuttergaben ist immer noch die Ausnahme, das Weiden immer noch die Norm. Immer wieder wurde in der Geschichte der Schafzucht die Erfahrung gemacht, dass es wenig erfolgversprechend ist, an bestimmte Standorte angepasste Schafe durch leistungsfähigere ›moderne‹ Rassen zu ersetzen. Mit Heidekraut gibt sich nun einmal nur die Graue Gehörnte Heidschnucke zufrieden, so wie die Moorschnucke besser als alle anderen mit feuchten Wiesen zurecht kommt. Natürlich haben in Mitteleuropa die landwirtschaftlichen Innovationen des 19. Jahrhunderts durch die Einführung der spanischen Merinos auch bei den Schafen einen Schub zur Vereinheitlichung gebracht. Aber in dem Maße, wie die Feinwolle an wirtschaftlicher Bedeutung verliert und das Fleisch sowie der ›kulturelle Mehrwert‹ von Schafhaltung an Bedeutung gewinnt, steigen auch jenseits bloßer Liebhaberei die Chancen alter, bodenständiger Rassen. Das Rhönschaf ist dafür ein herausragendes Beispiel.

Gemeinhin sortierte man früher die Schafrassen nach ihrer Nutzung. Es gab Fleischrassen, Wollrassen und die sogenannten Landrassen, die nicht in Richtung einer bestimmten Leistung optimiert waren. Sehr weit kommt man damit heute nicht mehr. Auch Merinoschafe werden heute auf Fleischertrag gezüchtet, weil die Lämmer und nicht die Wolle den Haupterlös bringen. Milchschafe, die man den Landrassen zurechnete, sind so stark auf Milchleistung optimiert, dass diese Zuordnung unsinnig erscheint.

Wir erheben mit den folgenden Rasseportraits nicht den geringsten Anspruch, einen repräsentativen Überblick über die Schafe dieser Welt zu geben. Wir haben Rassen ausgewählt, von denen wir glauben, dass man sie kennen muss, und solche, die uns besonders gut gefielen oder mit denen sich kuriose Geschichten verbinden.

Merinolandschaf
Ovis gmelini aries

Wuerttemberger
Wuerttemberger

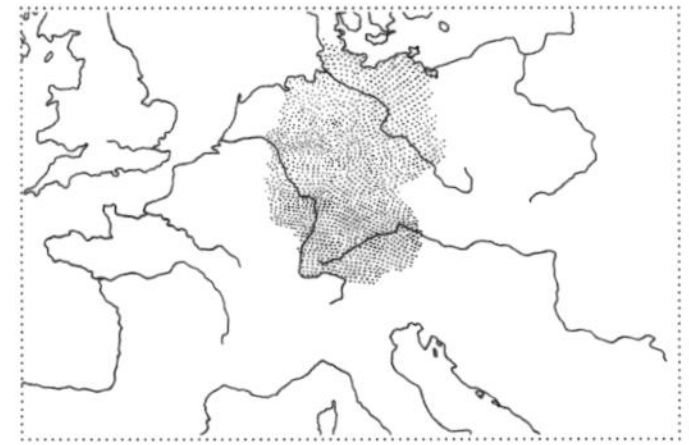

Es ist das Allroundschaf schlechthin und ein schwäbisches Geschenk an die Welt. Unter dem Namen ›Württemberger Schaf‹ wurde es international bekannt. 1887, hundert Jahre nach dem abenteuerlichen Zug spanischer Merinos nach Schwaben, wurde das züchterische Ergebnis der Veredelung süddeutscher Landschafe mit spanischem Blut zum ersten Mal bei einer Ausstellung der neu gegründeten Deutschen Landwirtschaftsgesellschaft als »Süddeutsches weißköpfiges Schaf« präsentiert. Später setzte sich die Bezeichnung ›Württemberger‹ durch, die wiederum dem heute in Deutschland, nicht jedoch international gebräuchlichen Namen ›Merinolandschaf‹ wich. Ein knappes Drittel des deutschen Gesamtbestandes von etwa 1,6 Millionen Schafen fällt auf diese Rasse. In Süddeutschland ist der Anteil noch wesentlich höher. Nach dem Rassestandard vereint das Merinolandschaf fast alle Vorzüge, die ein Schaf nur haben kann. Als Merinoerbe trägt es ein Vlies mit einer Wollfeinheit von 24 bis 28 Mikrometern, das nach der Schur bei Böcken bis zu sieben, bei Muttern bis zu fünf Kilo auf die Waage bringt. Wenn die Wolle den Schäfer auch nicht mehr nährt (was heute der Normalfall ist), so glänzt das Merinolandschaf doch auch mit hervorragender Fruchtbarkeit. Die Lämmer setzen schnell Fleisch an. Zwillingsgeburten sind die Regel. Das Merinolandschaf ist marschfähig, also für die Hütehaltung geeignet. Fehlt eigentlich nur noch, dass es sich auch als Milchschaf bewährt.

Schwarzköpfiges Fleischschaf
Ovis gmelini aries

Black headed sheep

Mouton à tête noire

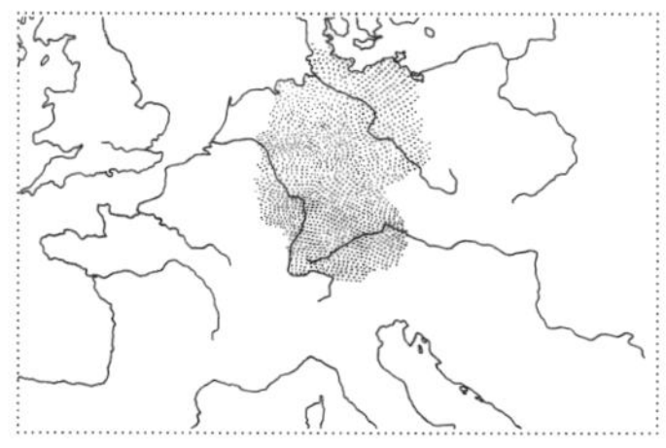

Als in der zweiten Hälfte des 19. Jahrhunderts die Wollpreise wegen der Konkurrenz durch die Baumwolle fielen, in den Industriestädten aber die Nachfrage nach Fleisch stieg, gewann in der Schafwirtschaft die Fleischerzeugung stark an Bedeutung. Das schlug sich auch in den Zuchtzielen nieder. Die Vielfalt an Fleischschafrassen in Europa ist gewaltig. Vor allem Großbritannien und Frankreich taten sich hier züchterisch hervor. Die deutschen Länder importierten im 19. Jahrhundert englische Schafe, um die Fleischschafzucht voranzubringen, vor allem die Rassen Hampshire, Oxford und Suffolk. Bis zum Ersten Weltkrieg wurden diese Rassen nebeneinander und durcheinander unter ihrem englischen Namen gezüchtet. Dann schlug die Stunde der Nationalisierung. Die englischen Schafe wurden zur deutschen Rasse Schwarzköpfiges Fleischschaf zusammengefasst und unter diesem Namen erstmals 1922 auf einer Ausstellung der Deutschen Landwirtschaftsgesellschaft vorgestellt. Die Hauptzuchtgebiete lagen zunächst in Ostpreußen und Westfalen. Es ist nach dem Merinolandschaf mit etwa 17 Prozent des Gesamtbestandes die zweithäufigste deutsche Schafrasse und eignet sich sowohl zur Hüte- als auch zur Koppelhaltung. Die tägliche Zunahme der Schlachtlämmer liegt bei 400 bis 500 Gramm. Böcke bringen bis zu 130, Muttern bis 90 Kilo auf die Waage. Schwarzkopfböcke verbreiten ihre Gene weit über die eigene engere Familie hinaus. Zur Erzeugung kräftiger Lämmer dürfen sie ganze Kreuzungsherden beglücken.

Navajo-Churro
Ovis gmelini aries

Navajo-Churro
Navajo-Churro

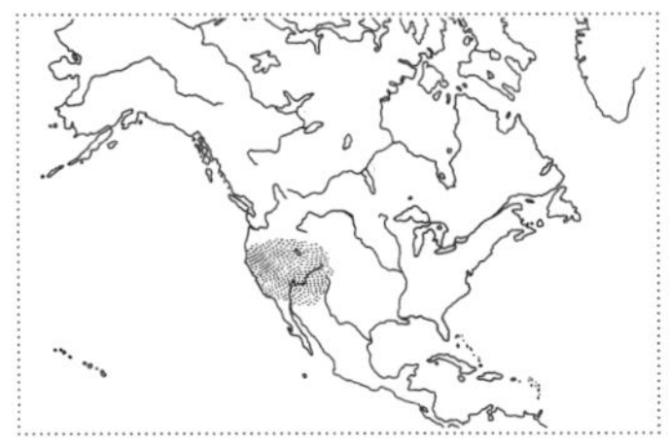

Mit Indianern bringt man in Europa das Schaf kaum in Verbindung. Stolze Krieger und Jäger als Hirten? Dass diese Vorstellung befremdlich erscheint, hängt allerdings mit einer selektiven, von der Prärieromantik geleiteten Wahrnehmung der Indianerkulturen zusammen. In der bunten Vielfalt der nordamerikanischen Ureinwohner waren die Büffeljäger jedoch eine kleine Minderheit. Das Volk der Navajo im Südwesten der heutigen Vereinigten Staaten hatte schon im 16. Jahrhundert Kontakt mit spanischen Siedlern, die Schafe mit einer besonders rauen und struppigen Wolle mitbrachten. Diese *churros* kamen mit den heißen und trockenen Verhältnissen dieses Teils der Neuen Welt bestens zurecht. Durch Raub oder durch Tauschhandel gelangten spanische Schafe in den Besitz der Indianer und veränderten ihre Kultur beträchtlich. Die Navajos wurden nomadische Viehzüchter. Die Schafwolle war ein wesentlicher Grundstoff ihrer materiellen Kultur. Das Kunsthandwerk der Weberei ist bis heute ein Element der Navajo-Ökonomie geblieben. Manche Navajo-Churros sind gescheckt. Böcke tragen oft vier Hörner. Das sieht so aus, als wäre ein zweites Hornpaar verkehrt herum auf den Kopf gesetzt. Um 1970 stand die Rasse kurz vor dem Aussterben. Liebhaberzüchter gründeten einen Zuchtverband und retteten dieses lebende Zeugnis amerikanisch-indianischer Kulturgeschichte.

Ouessantschaf
Ovis gmelini aries

Ouessant/Ushant

Mouton d'Ouessant

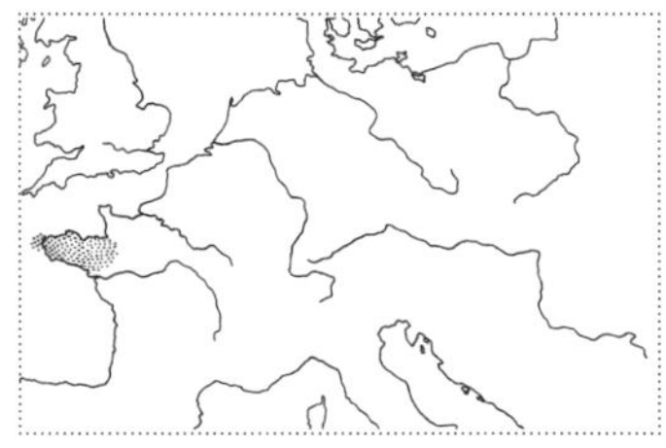

Das Ouessantschaf gehört wie die Heidschnucke zur Gruppe der Nordischen Kurzschwanzschafe. Der französische Zuchtverband, den es erst seit vierzig Jahren gibt, legte im Standard fest, dass Ouessantböcke höchstens 49 Zentimeter, Muttern höchstens 46 Zentimeter Widerristhöhe haben dürfen. Damit erreichen diese Schäfchen etwa Spanielgröße. Der Ursprung der Rasse liegt auf der bretonischen Insel Ouessant, die etwa 20 Kilometer vor der Küste des Departements Finistère liegt. Dort ließ man diese Schafe im Herbst und Winter frei weiden. Vor der Feldbestellung im Frühjahr trieben die Inselbewohner sie zusammen und verteilten sie auf ihre Besitzer. Ouessantschafe tragen in der Regel ein schwarzes Vlies, das sich aus schlichtem langem Oberhaar und dichter Unterwolle zusammensetzt. Auf dem Festland war ihr aromatisches Fleisch heiß begehrt, was dazu führte, dass man Anfang des 20. Jahrhunderts schwerere bretonische Landschafe einkreuzte. Bis zum Ende des Ersten Weltkrieges war die autochthone Schafpopulation auf der Insel daraufhin verschwunden. In einigen Zoos und Parks hatten allerdings kleinere Bestände überlebt. Auf die griff die Domäne Ménez Meur im Parc naturel régional d'Armorique in den Siebzigerjahren zurück und etablierte eine bis heute erfolgreiche Erhaltungszucht. Seitdem wächst die Popularität dieser Kleinschafe auch außerhalb ihrer Heimatregion ständig.

Karakulschaf
Ovis gmelini aries

Karakul sheep

Mouton de race Karakul

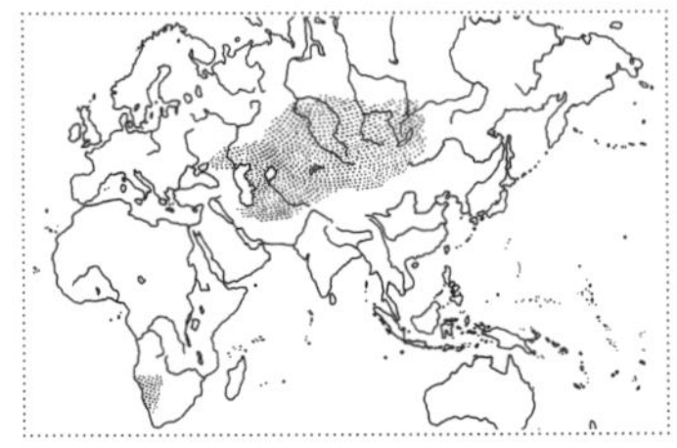

Der Persianermantel gehörte zum Wirtschaftswunder wie der Familienurlaub an der Adria. Meistens schwarz und leicht gelockt, manchmal grau oder auch braun hat das Fell neugeborener Karakullämmer einen seidigen Glanz. Persianer wurden und werden in großem Stil erzeugt, wurden im 20. Jahrhundert auch für die europäische Mittelschicht erschwinglich und findeen sich deshalb heute häufig auf Flohmärkten. Der Name rührt daher, weil es persische Händler waren, die lange Zeit den Handel mit den Fellen beherrschten. Die Schafe, die sie lieferten, waren ursprünglich in den zentralasiatischen Steppen zuhause. Karakulschafe gehören zu den in dieser Weltregion vorherrschenden Fettschwanzschafen, die wie Kamele in ihren Höckern im langen Schwanz Fett speichern und so längere Zeit ohne Nahrung auskommen können. Im kaiserlichen Deutschland stieg die Nachfrage nach Persianerfellen enorm, was den Hallenser Tierzuchtprofessor Joachim Kühn auf die Idee brachte, eine deutsche Karakulzucht zu begründen. Die kam nie richtig in die Gänge, doch wozu hatte man Kolonien? 1907 trafen die ersten Karakulzuchtschafe in Swakopmund in Deutsch-Südwestafrika, dem heutigen Namibia ein, das heute zu den wichtigsten Karakulzuchtgebieten gehört. Die Rasse ist an das trockene Klima bestens angepasst. Ihr weltweiter Gesamtbestand wird auf etwa 30 Millionen Tiere geschätzt.

Ostfriesisches Milchschaf

Ovis gmelini aries

East frisian dairy sheep

Brebis laitière frise orientale

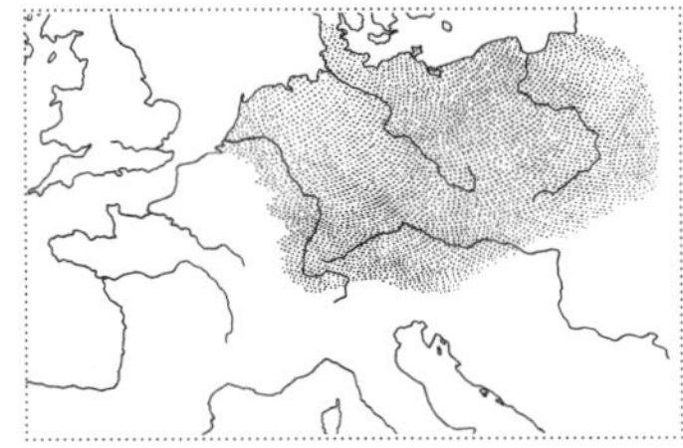

Gavino Leddas autobiografischer Roman *Padre Padrone* beginnt damit, dass sein Vater Gavinos Klassenzimmer betritt und mit einer leidenschaftlichen Rede die Herausgabe seines fünfjährigen Jungen fordert. Er brauche ihn, denn er könne seine Schafe in den Bergen nicht alleinlassen, wenn er die Milch in die Stadt zur Molkerei bringe. Im südlichen Europa gehört das Melken und Käsen zur Arbeit der Schafhirten. Im nördlichen Europa spielte die Milch der Schafe in der kleinbäuerlichen Selbstversorgung bis in die jüngste Vergangenheit nur eine Nebenrolle. Erst mit dem Aufschwung des ökologischen Landbaus ändert sich das. Schafmilch und -käse erfreuen sich steigender Beliebtheit. Trotz der agrarhistorischen Marginalität der Schafsmilch in Deutschland stellt das seit dreihundert Jahren an der Nordseeküste gezüchtete Ostfriesische Milchschaf mit bis zu 1400 Kilo Milch pro Laktationsperiode die leistungsstärkste Milchschafrasse der Welt dar. Es kann einzeln oder in kleinen Gruppen gehalten werden. Die Milchleistung setzt eine gewisse Größe voraus. Ostfriesische Milchschafe gehören mit 80 bis 90 Zentimeter Widerristhöhe und einem Gewicht bis 100 Kilo zu den Riesen unter den Schafen. Aus der Rasse ist ein Exportschlager geworden. Sie hat die Milchschafzucht Südeuropas verbessert. Auch der sardische oder toskanische Pecorino profitiert von ostfriesischen Genen.

Heidschnucke
Ovis gmelini aries

German heath

Mouton de la lande de Lunebourg

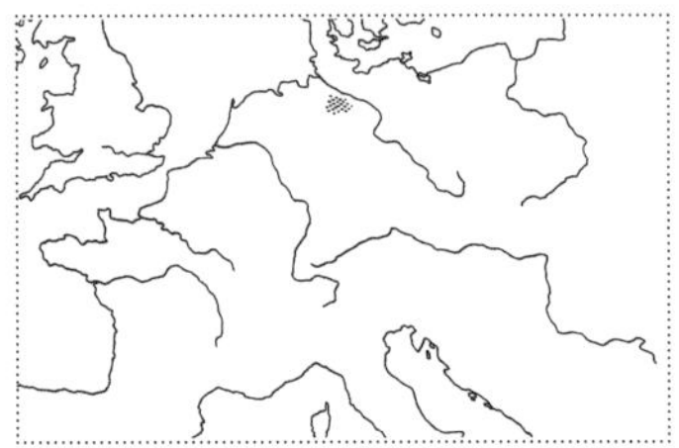

In dem Heimatfilm *Rot ist die Liebe* rettet der Heidedichter Hermann Löns zusammen mit seiner Cousine Rosemarie eine junge Heidschnucke vor dem Ertrinken. Das verbindet, doch die beiden kommen trotzdem nicht zusammen. »Rosemarie, Rosemarie, sieben Jahre mein Herz nach dir schrie«, muss der Dichter, der nach seinem Tod in der Marneschlacht im September 1914 im Wacholderhain von Tietlingen bei Walsrode nach einer längeren postmortalen Odyssee seine letzte Ruhe gefunden hat, reimen. Es interessiert hier nicht die Frage, ob es wirklich seine Gebeine sind, die hier begraben liegen. Auch den Heidschnucken, die in der das Grab umgebenden musealen Heidelandschaft weiden, ist das wurst. Sie gehören zu diesem kulturlandschaftlichen Ensemble selbstverständlich hinzu – ohne Heide kein Löns, ohne Heidschnucken keine Heide. Es handelt sich dabei um Graue Gehörnte Heidschnucken. Beim Begriff ›Heidschnucke‹ denkt jeder an die Schafe mit dem silbrigen, zottigen Fell, mit schwarzen Köpfen und Beinen und ziemlich eindrucksvollen gedrehten Hörnern bei den Böcken. Es gibt aber auch Weiße Gehörnte Heidschnucken und Weiße Hornlose Heidschnucken, die auch ›Moorschnucken‹ heißen, weil sie besonders an nasse Standorte angepasst sind. Heidschnucken können sich ausschließlich von Heidekraut ernähren. Keine andere Schafrasse ist so geeignet, die zum Ideal verklärte Heidelandschaft – eigentlich ein Beispiel für die Folgen menschlicher Übernutzung – zu pflegen.

Bergschaf
Ovis gmelini aries

Mountain sheep

Mouton de montagne

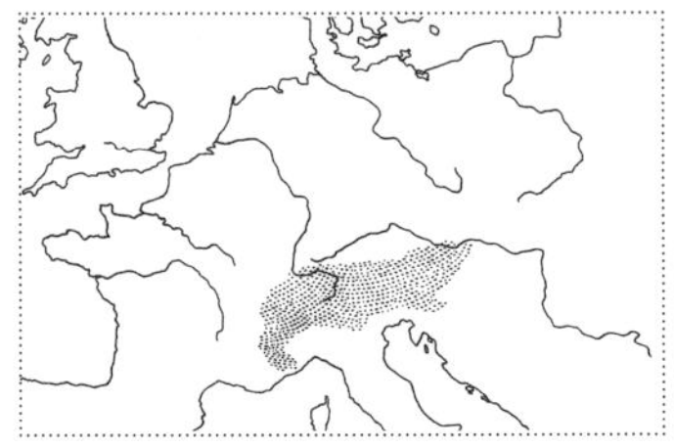

Zur Gruppe der Bergschafe gehört eine Reihe von Schlägen, aus der wir hier das Braune Bergschaf, das Weiße Bergschaf, das Kärntner Brillenschaf und das Tiroler Steinschaf nennen wollen. Sie ähneln sich untereinander sehr. Als ›Steinschafe‹ bezeichnete man die bodenständigen Schafe des Alpenraums, wie sie seit jeher hier gezüchtet werden. Steinschafe des alten Typs sind feingliedrige, leichte Hochgebirgsschafe mit sehr harten Klauen und einer ausgezeichneten Kletterfähigkeit. Aus der Kreuzung solcher Steinschafe mit Bergamasker-Schafen gingen im 19. und frühen 20. Jahrhundert die heutigen Bergschafe hervor. Die aus der Gegend von Como und Bergamo stammenden Bergamasker waren im 19. Jahrhundert die größte europäische Schafrasse. Böcke sollen es auf bis zu 160 Kilo gebracht haben. Auffällig sind ihre Hängeohren. Allen Bergschafen gemeinsam ist die schlichte lange Wolle, die verhindert, dass Regenwasser ins Vlies eindringt, der ausgeprägte Ramskopf und die Fähigkeit, in steilsten Hochgebirgslagen zurechtzukommen. Sie suchen zwischen Felsen und Geröll dort noch ihr Futter, wo Rinder nicht mehr hinkommen. Schwarze und Braune Bergschafe wurden früher nicht getrennt gezüchtet. Es war der Wittelsbacher Ludwig Wilhelm in Bayern, der in den Dreißigerjahren des vorigen Jahrhunderts eine rein braune Herde halten ließ, aus deren ungefärbter Wolle seine Jäger ihre Berufskleidung anfertigen lassen mussten.

Rhönschaf
Ovis gmelini aries

Rhön sheep

Mouton de la Reine

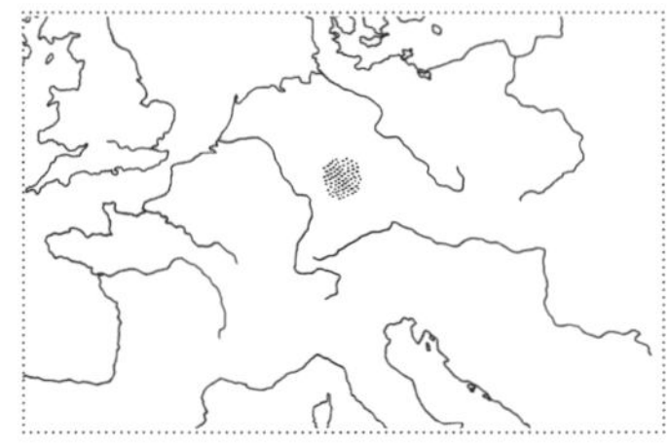

Dieses Schaf ist unverwechselbar. Man muss allerdings wissen, worauf zu achten ist. Der Comic-Zeichner Alexander Ziegler wusste das nicht, als er im Jahr 2007 »Rhönhild« schuf, ein Lamm für die Tourismuswerbung. Rhönhild hat den schwarzen, bis hinter die Ohren unbewollten, hornlosen Kopf dieser Rasse. Aber es hat auch schwarze Beine – ein schwerer Fehler, der für wütende Proteste von Rhönschafzüchtern sorgte. Denn das Rhönschaf ist das einzige Schaf in Mitteleuropa, das bis auf den Kopf ganz weiß ist, also auch weiße Beine hat. Schwarzer Kopf, weiße Beine – daran erkennt man diese Rasse. Schon im 19. Jahrhundert war das Rhönschaf weit über seine Ursprungsregion im hessisch-bayerisch-thüringischen Dreiländereck bekannt. Als ›Mouton de la Reine‹ war es in Pariser Restaurants eine begehrte Delikatesse. Zwischen 50 000 und 80 000 Schafe sollen jährlich über Würzburg und Straßburg in die französische Hauptstadt getrieben worden sein.

Als Frankreich 1878 Einfuhrbeschränkungen für Schaffleisch verfügte, begann der Niedergang der Rhönschafzucht. Die geradezu triumphale Wiederauferstehung der Rasse ist jüngeren Datums. Auf ihre Gründe verweist der Streit um »Rhönhild«, der das Rhönschaf erst wieder richtig bekannt machte. Das Rhönschaf spielt heute eine zentrale Rolle im Marketing des Biosphärenreservats Rhön, des »Landes der offenen Fernen«.

Rauhwolliges Pommersches Landschaf

Ovis gmelini aries

Pomeranian country sheep

Mouton poméranien

Rügen war ihre rettende Insel. Wie mit allen bodenständigen Landschafrassen ging es auch mit den Rauhwolligen Pommerschen Landschafen nach dem Zweiten Weltkrieg steil bergab. Überall wurde die Schafhaltung umgestellt auf Rassen des Merinotyps, die in der Woll- und Fleischproduktion mehr Ertrag bringen. Nur in Vorpommern und Mecklenburg gab es gegen den Trend nach 1945 eine kurze Renaissance der Rasse, als die enteigneten Güter aufgesiedelt wurden. Der entscheidende Grund dafür war ihre Genügsamkeit. Die Siedler hatten nicht das Futter für anspruchsvollere Rassen. Vielleicht spielte es auch eine Rolle, dass viele Flüchtlinge und Vertriebene aus Pommern und Ostpreußen sich mit diesen Schafen ein Stück Heimat bewahren wollten. Die anspruchslosen Tiere wurden in den deutschen Ostseeprovinzen meist in kleinen Beständen gehalten. Das Vlies aus feiner Unterwolle und langen Überhaaren schützt das Schaf besonders gut gegen jegliche Witterung. 1951 ergab die Viehzählung in Vorpommern einen Bestand von 127 939 Rauhwollern. Doch dreißig Jahre später waren es auch hier nur noch hundert. Dann kam man auch in der DDR auf den Gedanken, dass genetische Vielfalt in der Tierzucht von großer Bedeutung ist. Man baute auf Rügen aus den Restbeständen wieder eine Stammherde als Genreserve auf, die noch heute mit etwa zweihundert Mutterschafen existiert. Unmittelbar vom Aussterben bedroht ist die Rasse nicht mehr. In kleinen und kleinsten Beständen existieren über ganz Deutschland verteilt wieder mehr als 4000 Rauhwollige Pommersche Landschafe.

Kamerunschaf
Ovis gmelini aries

Cameroon sheep

Mouton du Cameroun

Das Kamerunschaf gehört zu den Haarschafen. Das sind jene Schafe, die kein Wollvlies tragen, sondern ein ›normales‹ Fell, etwa wie das der Ziegen. Nur als Haarschaf hat das Hausschaf in den tropischen Zonen der Erde eine Überlebenschance. Das tropische Westafrika ist denn auch die Heimat des Kamerunschafes. Es ist mit 60 Zentimetern Widerristhöhe recht klein und bringt um die 40 Kilo auf die Waage. Sein Fleisch allerdings ist von besonders feinem, wildähnlichem Aroma. Die vorherrschende Färbung ist ein sattes Kastanienbraun mit schwarzer Zeichnung an Beinen und Bauch. Nur die Widder tragen sichelförmige Hörner und meist auch eine Halsmähne. Wer mit geschärftem Schafblick durchs Land fährt, dem wird auffallen, dass diese Schafe in manchen Regionen Deutschlands ausgesprochen oft in kleinen Beständen gehalten werden. Es entfällt bei ihnen der Aufwand der Schur. Dass ein geschlachtetes Lamm nicht mehr als 15 Kilo Fleisch bringt, muss einen Hobbyschafhalter ebenso wenig grämen wie die Tatsache, dass die Muttern selten Zwillinge oder Drillinge zur Welt bringen. Ihre afrikanische Herkunft darf nicht zu dem Fehlschluss verleiten, Kamerunschafe bräuchten Wärme. Mit einem mitteleuropäischen Winter werden sie leicht fertig. Jenseits der Liebhaberei kommt ihnen Bedeutung zu bei der Zucht von Nolanaschafen. Das sind Fleischschafe ohne Wollvlies, in denen manche die Zukunft der Schafwirtschaft sehen.

Literaturverzeichnis

Arche Nova. Fachzeitschrift der Vereine und Verbände zur Erhaltung gefährdeter Nutztierrassen.

Norbert Benecke: ***Der Mensch und seine Haustiere. Die Geschichte einer jahrtausendealten Beziehung,*** Stuttgart 1994.

Alfred Brehm: ***Brehms Tierleben, Säugetiere,*** **Band 9,** Hamburg 1927.

Hans Chifflard, Manfred Reinhardt: ***Wanderschäferei,*** Stuttgart 2013.

Hans Chifflard, Herbert Sehner: ***Ausbildung von Hütehunden,*** Stuttgart 2009.

Die Bibel. Nach der Übersetzung Martin Luthers, Stuttgart 1999.

Gerhard Fischer et al.: ***Fotobuch Schafe,*** Stuttgart 2011.

Eckhard Fuhr: ***Rückkehr der Wölfe. Wie ein Heimkehrer unser Leben verändert,*** München 2014.

Bernhard Grzimek (Hg.): ***Grzimeks Tierleben. Enzyklopädie des Tierreiches,*** **Band 13: Säugetiere IV,** München 1993.

Hans Haid: ***Das Schaf. Eine Kulturgeschichte,*** Wien / Köln / Weimar 2010.

Hans Haid: ***Wege der Schafe. Die jahrtausendealte Hirtenkultur zwischen Südtirol und dem Ötztal,*** Innsbruck, 2008.

Wolfgang Jacobeit: ***Schafhaltung und Schäfer in Zentraleuropa bis zum Beginn des 20. Jahrhunderts,*** Berlin 1987.

Petra Krivy: ***Herdenschutzhunde. Geschichte, Rassen, Haltung, Ausbildung,*** Stuttgart 2012.

Gavino Ledda: ***Padre Padrone,*** Frankfurt am Main 1981.

Karl Marx: ***Das Kapital. Kritik der politischen Ökonomie,*** **Erster Band,** Berlin 1971.

Jobst Meyer: ***Das Soayschaf. Abstammung, Zucht und Haltung eines steinzeitlichen Relikts,*** Hamburg 2015.

Holger Piegert, Walter Uloth: ***Der europäische Mufflon,*** Hamburg 2005.

James Rebanks: ***Mein Leben als Schäfer,*** München 2016.

Josef H. Reichholf: ***Warum die Menschen sesshaft wurden. Das größte Rätsel unserer Geschichte,*** Frankfurt am Main 2010.

Hugo Rieder: ***Schafe halten,*** Stuttgart 1993.

Hans Hinrich Sambraus: ***Atlas der Nutztierrassen. 250 Rassen in Wort und Bild,*** Stuttgart 1994.

Hans Hinrich Sambraus: ***Gefährdete Nutztierrassen. Ihre Zuchtgeschichte, Nutzung und Bewahrung,*** Stuttgart 1994.

Schafzucht. Magazin für Schaf- und Ziegenfreunde.

Abbildungs-verzeichnis

Seite 69 *Das Merino-Schaf; Das gemeine Schaf.* J. E. von Reider: Fauna Boica oder gemeinnützige Naturgeschichte der Thiere Bayerns, Nürnberg 1832.

Seite 72 *Schäfer mit Herde bei Sonnenuntergang,* Jean-François Millet, 1860.

Seite 77 *Schafscherer.* Anton Mauve (1838–1888).

Seite 80 *Schäfer mit Hund und Herde.* © Bundesarchiv, Bild 183-1986-0731-025 / Fotograf: Ralf Pätzold.

Seite 83 *Ausbildung zum Schäfer.* © Bundesarchiv, Bild 183-1985-1211-011 / Fotograf: Helmut Schaar.

Seite 86 *Shepherd's dog.* John Scott: The sportsman's repository, London 1845.

Seite 91 *Schäfer mit Herde.* Giuseppe Palizzi (1812–1888).

Seite 96 *Mufflon.* Brehm's Life of Animals, Vol. 1 – Mammalia, Chicago 1895.

Seite 101 *Junge Schäferin.* William-Adolphe Bouguereau, 1868.

Seite 104 *Schafe im Stall,* Charles-Émile Jacque (1813–1894).

Seiten 111–131 Illustrationen von Falk Nordmann, Berlin 2017.

Eckhard Fuhr, geboren 1954 in Hessen, war politischer Redakteur bei der *Frankfurter Allgemeinen Zeitung.* Zehn Jahre leitete er das Feuilleton der *Welt* und arbeitete bis 2017 als Kulturkorrespondent für diese Zeitung. Er lebt als Autor in Berlin. Der passionierte Jäger veröffentlichte zuletzt das Buch *Rückkehr der Wölfe.*

NATURKUNDEN № 31
Zweite Auflage Berlin 2022

NATURKUNDEN
herausgegeben von Judith Schalansky
erscheinen bei Matthes & Seitz Berlin
ermöglicht durch Jan Szlovak, Hamburg

Göhrener Straße 7, 10437 Berlin
info@matthes-seitz-berlin.de
info@naturkunden.de

EINBAND UND TYPOGRAFIE Pauline Altmann, Berlin
nach einem Entwurf von Judith Schalansky
TITELILLUSTRATION Pauline Altmann, Berlin
SCHRIFT Ingeborg von Michael Hochleitner/Typejockeys
LITHOGRAFIE Tomas Mrazauskas, Berlin
HERSTELLUNG Hermann Zanier, Berlin
PAPIER 100 g/m² Fly 04 hochweiß, 1,2 faches Volumen
EINBANDMATERIAL Napura® Khepera von
Winter & Company GmbH, Lörrach
DRUCK UND BINDUNG Pustet, Regensburg

ISBN 978-3-95757-399-5

www.naturkunden.de
www.matthes-seitz-berlin.de